JN080143

エンジニア入門シリーズ

文書分類からはじめる自然言語処理入門
—基本からBERTまで—

［著］

新納 浩幸

古宮 嘉那子

科学情報出版株式会社

はじめに

　本書は自然言語処理の入門書です。これから自然言語処理の勉強を始めようとする人向けに最低限知っておいた方がよいと思う基本事項をまとめました。

　自然言語処理の基本事項はディープラーニングの台頭により大きく様変わりしたと思います。言語は記号であり、自然言語処理には記号処理が必要だと思われますが、実際に自然言語処理の応用システムを構築する際には、その頑健性の担保のために、機械学習のアプローチが取られてきました。ディープラーニングにより、その流れは更に加速されたと思います。今後、自然言語処理がどのように変化していくかは分かりませんが、現状、自然言語処理の基礎は、言語の問題をパターン認識の問題として扱う手法になっていると思います。

　語義曖昧性解消や構文解析などの従来重要とされた要素技術の多くが、現在はあまり見かけません。従来パイプライン的な処理で行われていたものが、ディープラーニングにより End-to-End の学習で実現されたためだと思います。そのように押し込まれて見えなくなった技術を知ることも大事でしょうが、知識には抽象化の粒度があり、ある程度までは「これはこういうもの」と割り切って、それを使って何かを構築してゆくことも大事だと思います。

　このため本書は従来までの自然言語処理の入門書とは少し違います。現在の自然言語処理の基礎だと思う事項を解説しています。ただ自然言語処理の応用分野は広く、パターン認識の問題として扱うにしても基礎となる事項は膨大です。そのため本書は基本的に文書分類のタスクに的を絞り、その解決を念頭に置いて構成しました。文書分類とは例えばある新聞記事が与えられたときに、その記事が経済について書かれているのか、あるいはスポーツについて書かれているのか、などといった入力文書のジャンルを識別するタスクです。このタスクを解決するためには自然言語処理のいくつかの知識が必要です。その知識は自然言語処理の多くのシステムで共通に必要とされるものであり、自然言語処理の基礎と位置づけられると思います。また手法としては機械学習を用いますが、標準的な手法の多くは文書分類のタスクに適用できるために、機械学習の基礎を学ぶこともできます。

　また基本の文書分類から少し発展した話題として、分散表現、系列ラベリング問題そして事前学習済みモデルの利用についても解説しました。分散表現は単語のベクトル表現の一種です。

文書分類を初めとする自然言語処理システムでは、単語や文をベクトルで表現する必要があります。以前は bag-of-words のモデルを利用していましたが、近年分散表現が考案され、多くのシステムの精度が向上しました。また系列ラベリング問題は系列を入出力とする識別の問題です。自然言語処理で扱う文は単語の系列とみなせるため、ある種の自然言語処理のタスクは系列ラベリング問題として扱えます。また近年は文書分類を初めとする様々なタスクに対して事前学習済みモデルを利用することでその精度が改善されています。現在、なんらかの自然言語処理システムを構築する際には、事前学習済みモデルの利用は必須と考えられます。これらの技術も現在の自然言語処理の基礎だと思います。

自然言語処理の応用分野は広く、上記にあげたタスク以外にも多くの重要なタスクがあります。例えば機械翻訳、情報検索、対話、要約、質問応答、情報抽出などです。こういった応用システムでは前述した技術以外にも、多くの独自の基礎事項があることは確かですが、ここで解説する技術の多くはそれらのシステムに対しても基礎となっていると思います。

また本書ではプログラム言語として Python を利用します。ディープラーニングはもちろん、他の機械学習の手法を試すにも Python は最適ですし、スクリプト言語であるため自然言語処理で必要となる各種の処理を簡単に実行することができます。それぞれの事項がどういったものかが体験できると思います。ただしこれは簡単な体験程度のものであることにご注意下さい。

本書を通して自然言語処理の基礎事項を知り、何らかの自然言語処理システムの構築に役立てたら幸いです。

2022年7月

新納　浩幸

古宮　嘉那子

本書の使いかた

本書で説明しているサンプルコードの公開先 URL を、科学情報出版のホームページにて紹介しています。下記 URL にアクセスください。

URL：https://www.it-book.co.jp/books/132.html

目　　　次

第1章　文書のベクトル化

1.1　文書分類とその入力 ・・・　3
1.2　単語分割 ・・　4
1.3　N-gram ・・・　8
1.4　Bag-of-words ・・　12
1.5　TF-IDF ・・・　22
1.6　Latent Semantic Analysis ・・・・・・・・・・・・・・・・・・・・・・・・・・・・・・・・・・・・　26

第2章　分散表現

2.1　分散表現とは ・・　35
2.2　cos 類似度 ・・　37
2.3　word2vec ・・　42
2.4　doc2vec ・・　48

第3章　分類問題

3.1　分類問題とは ・・　55
3.2　分類問題と教師あり学習 ・・　56
3.3　Naive Bayes ・・　61
3.4　文書分類の評価 ・・　71
3.5　ロジスティック回帰 ・・　76
3.6　Support Vector Machine ・・・・・・・・・・・・・・・・・・・・・・・・・・・・・・・・・・・・・　86
3.7　ニューラルネットワークとディープラーニング ・・・・・・・・・・・・・・・・・　100
3.8　半教師あり学習 ・・　108

第4章　系列ラベリング問題

4.1　系列ラベリング問題とは ・・ 127

4.2　系列ラベリング問題のタスク ・・・・・・・・・・・・・・・・・・・・・・・・・・・・・・・・・・・ 128

　4.2.1　単語分割・・ 129

　4.2.2　固有表現抽出 ・・ 129

4.3　系列ラベリング問題の解法 ・・・・・・・・・・・・・・・・・・・・・・・・・・・・・・・・・・・・・ 130

　4.3.1　HMM ・・ 131

　4.3.2　CRF・・ 135

　4.3.3　LSTM ・・ 147

第5章　BERT

5.1　事前学習済みモデルとは ・・・・・・・・・・・・・・・・・・・・・・・・・・・・・・・・・・・・・・・ 157

5.2　BERT の入出力 ・・ 160

5.3　BERT 内部の処理 ・・・ 166

　5.3.1　Transformer ・・・ 167

　5.3.2　Position Embeddings ・・・・・・・・・・・・・・・・・・・・・・・・・・・・・・・・・・ 169

　5.3.3　BertLayer ・・・ 170

　5.3.4　Multi-Head Attention ・・・・・・・・・・・・・・・・・・・・・・・・・・・・・・・・・ 171

5.4　BERT による文書分類 ・・ 179

5.5　BERT による系列ラベリング ・・・・・・・・・・・・・・・・・・・・・・・・・・・・・・・・・ 184

5.6　Pipeline によるタスクの推論 ・・・・・・・・・・・・・・・・・・・・・・・・・・・・・・・・ 187

　5.6.1　評判分析・・・ 188

　5.6.2　固有表現抽出・・ 190

　5.6.3　要約・・・ 192

　5.6.4　質問応答・・・ 194

　5.6.5　テキスト生成・・ 195

　5.6.6　Zero-shot 文書分類 ・・・・・・・・・・・・・・・・・・・・・・・・・・・・・・・・・・・・ 196

第 **1** 章
文書のベクトル化

1.1 文書分類とその入力

「はじめに」にも書きましたが、本書では、一貫して文書分類にまつわる技術を説明していくことで、自然言語処理の基礎技術から先端技術までを紹介していきます。文書分類とは、「文書」を何らかのカテゴリーに分類するタスクのことです。自然言語処理において最も基本となるタスクと言えます。

「文書」とは、文の集合のことで、ひとつの単位です。一文書は、ひとつの文の書かれたファイルのこと、とイメージしておくと良いと思います。自然言語処理では「文章」という単語をあまり使いません。「文」は句読点や「？」で区切られるひとつの単位ですが、「文章」というと、どこからどこまでを指すのか分かりにくいからです。コンピュータで自然言語を処理しようとするときには、入力と出力を意識する必要があります。入力がひとつの「単語」なのか、「文」なのか、「文書」なのかということを意識して、関数やプログラム、システムを作っていくと良いと思います。もちろん、文書分類システムの入力の単位は、文書になります。

文書分類は、日常生活でもよく使われています。たとえば、メールをスパムメールか否かに分類するのも文書分類です。また評判分析という応用もあります。これは、ある商品へのひとつのレビューがポジティブなのかネガティブなのかを判定するものです。これまでの例はすべて、二つのカテゴリーに分類する例ですが、三つ以上のカテゴリーに分類することもあります。例えば、ある新聞記事が、政治についてなのか、スポーツについてなのか、または芸能ニュースなのか、といった具合です。

第一章ではまず、文書分類システムの入力について考えます。ひとつひとつの「文書」を入力したときに、分類のカテゴリーを返すのが文書分類システムです。このとき、システムにはどのような入力を入れればいいのでしょうか。様々な文書は、どのようにコンピュータ上に表せばいいのでしょうか。第一章では、ディープラーニングが登場する以前の古典的な方法を解説します。

なお、本書ではPythonを利用して説明しています。Pythonの基礎知識がないと、プログラ

ムに関しては分からないかもしれません。東工大の岡崎先生の公開された Python 早見帳[1] の
知識があれば、おそらく大丈夫だと思います。同じく岡崎先生の公開されている言語処理 100
本ノック[2] も、研究室の学生さんには必ずお勧めしていますが、本書はそこまでの知識は必須
としていません。本書を読みながら手を動かすとちょうどいいくらいを目指しています。

1.2　単語分割

　文や文書に対して意味的に何からの機械処理を行う場合、その文や文書内にどのような単語
が出現しているのかをまず知る必要があります。英語などは基本、空白で単語が分かれている
ので、どの単語がどれくらい出現しているかをカウントするのは比較的容易ですが、日本語の
ように単語境界のない言語では、先のような処理を行うためには**単語分割**の処理が必要です。
　単語分割とは以下のような処理です。

私は秋田犬が大好き。 --> 私 / は / 秋田 / 犬 / が / 大好き /。

この例のように、与えられた文字列を単語で分割する処理が単語分割です。ここで単語とは

〔図 1.1〕Exe ファイルで呼び出した MeCab の結果

---

[1] https://chokkan.github.io/python/?s=09
[2] https://nlp100.github.io/ja/

何かという単語の厳密な定義を考えると面倒です。そこらを考えてゆくと、'秋田 / 犬' は '秋田犬' ではないのか、'大好き' は '大 / 好き' ではないのかと色々と悩んでしまいます。

　単語分割システムでは、辞書の見出しとして登録されているものを単語としてとらえて分割します。単語分割システムに利用される辞書にはいくつか種類がありますが、ここではあまり気にせず、「適切な辞書を使って単語を分割する」と理解してください。

　単語分割には MeCab というシステムが標準的に利用されます。MeCab はインターネット上に公開されており、無料で利用することができます[3]。Windows 用には exe ファイルが用意されていますので、これをダウンロードすることで、簡単に自分のパソコンにインストールすることができます。また、Google Colab や Jupyter Notebook の上でも pip install を行うことで、インストールすることができます。fugashi という Python 用のラッパーもあります。(ここでいうラッパーとは「Python 上で簡単に使えるようにしたプログラム」と思っておけば OK です。)

　まず、exe ファイルをダウンロードして、インストールした場合には、Windows10 であれば、画面左下の、「ここに入力して検索」というウィンドウに「MeCab」と入力すれば MeCab が立ち上がります。日本語入力にするためにキーボード左上の「半角 / 全角漢字」を押してから好きな文を入力すれば、文を単語分割してくれます。こうして立ち上げた MeCab に「私は秋田犬が大好き」という文を入れてみた結果は図 1.1 のようになります。MeCab は本当は「形態素解析」という処理のソフトウェアで、単語分割を行うだけではなく、名詞や助詞などの品詞、基本形や読み方も出力できるのです。形態素解析については、MeCab の開発者の工藤拓さんが書かれた本がありますので、興味のある方は是非読んでみてください[4]。

janome による単語分割

　ただ、ここではそこまでの処理は必要ありません。また、今後のことを考えると Python を

---

[3] https://taku910.github.io/mecab/
[4] https://taku910.github.io/mecab/ 工藤 拓 (著)，言語処理学会 (編集) 形態素解析の理論と実装 (実践・自然言語処理シリーズ) 2018 年

使って単語分割を気軽に呼び出せる環境が欲しいところです。そのため、ここで janome を紹介したいと思います。

　MeCab も Python で使えるのですが、辞書のインストールなどが必要になります。janome は辞書も初めから設定されているので、

```
> pip install janome
```

とするだけで形態素解析器を辞書と共にインストールすることができます。 インストールが終わったら、

```
>>> import janome
>>> from janome.tokenizer import Tokenizer
```

と書くことで、janome の形態素解析の機能を呼び出すことができるようになります。さらに、

```
>>> t = Tokenizer()
```

と書くと、形態素解析器が t という名前で生成されます。ここで、

```
>>> for token in t.tokenize(' 私は秋田犬が大好き。'):
        print(token)
```

とすると、t を使って「私は秋田犬が大好き。」を解析した結果が一単語ずつ token に入り、print 文で出力されるので、

```
私    名詞 , 代名詞 , 一般 ,*,*,*, 私 , ワタシ , ワタシ
は    助詞 , 係助詞 ,*,*,*,*, は , ハ , ワ
秋田   名詞 , 固有名詞 , 地域 , 一般 ,*,*, 秋田 , アキタ , アキタ
```

```
犬      名詞 , 一般 , * , * , * , * , 犬 , イヌ , イヌ
が      助詞 , 格助詞 , 一般 , * , * , * , が , ガ , ガ
大好き  名詞 , 形容動詞語幹 , * , * , * , * , 大好き , ダイスキ , ダイスキ
。      記号 , 句点 , * , * , * , * , 。 , 。 , 。
```

と出力されます。この結果は、図 1.1 と同じです[5]。実は janome は MeCab の Python 用の再実装なのです。また、MeCab の exe ファイル版と janome では同じ ipadic という辞書を採用しているので、結果が同じになります[6]。また、wakati=True としてすると分かち書きモードになり、単語分割だけを行ってくれます。例えば、

```
>>> for token in t.tokenize(' 私は秋田犬が大好き。', wakati=True):
        print(token, end='/')
```

とすると、end='/' で単語間を '/' で区切って表示することを指定したので、

```
私 / は / 秋田 / 犬 / が / 大好き /。/
```

となります。

```
私 は 秋田 犬 が 大好き 。
```

としたければ、

```
>>> for token in t.tokenize(' 私は秋田犬が大好き。', wakati=True):
```

---

[5] 正確には、MeCab では文末に EOS と出力されるところが異なります。EOS は End of Sentence の略で、文末を表しています。

[6] Unix 版の MeCab では ipadic のほかに、Unidic と juman 辞書を選択できます。興味のある方は、結果を比べてみてください。

```
        print(token, end=' ')
```

とすればいいのです。

　単語分割の結果をリスト型にして取っておくと便利そうなので、

```
>>> words = [token for token in t.tokenize(' 私は秋田犬が大好き。', wakati=True)]
```

として、words というリスト型の変数に

[' 私 ',' は ',' 秋田 ',' 犬 ',' が ',' 大好き ',' 。']

を入れて保存しておきます。　これで単語分割ができたので、次は単語を自然言語処理にどのように活用していくかを見ていきましょう。

1．3　N-gram

　一般に、文字や単語、品詞など、観測の対象が n 個連続したものを n-gram（エヌグラム）と呼びます。二個連続したものは、bi-gram（バイグラム）、三個連続したものは、tri-gram（トライグラム）と呼び、ここまでは少し変わった呼び方なのですが、四個は four-gram（フォーグラム）、五個は five-gram（ファイブグラム）と、四より大きい数字になると、「グラム」の前が英語の数字になってきます。では、ひとつだけの場合はというと、uni-gram（ユニグラム）と呼ばれます。

私 は 秋田 犬 が 大好き 。

の文にある単語の uni-gram は、「私」、「は」、「秋田」、「犬」、「が」、「大好き」、「。」の七つです。

bi-gram はというと、「私は」、「は秋田」、「秋田犬」、「犬が」、「が大好き」、「大好き。」の六つになります。

　同じ文で、文字の uni-gram を数えると、「私」、「は」、「秋」、「田」、「犬」、「が」、「大」、「好」、「き」、「。」の十個になります。同様に、文字の bi-gram は、「私は」、「は秋」、「秋田」、「田犬」、「犬が」、「が大」、「大好」、「好き」、「き。」の九個です。

　このように、「何の n-gram なのか」によって、得られるものが異なることに注意してください。

　ここでは、ちょうど先ほど単語分割を行って、words というリスト型の変数に単語を保存してあるので、ここでは単語の n-gram を表示してみることにします。

単語の N-gram

　まず、単語の uni-gram ですが、これは単語集合そのものなので、words を表示すると、すべての uni-gram を見ることができます。

```
>>> words
['私', 'は', '秋田', '犬', 'が', '大好き', '。']
```

　では、単語の bi-gram はどうでしょうか。これは Python のスライスという機能を使って簡単に表示できます。

```
>>> words[0:2]
['私', 'は']
>>> words[1:3]
['は', '秋田']
>>> words[2:4]
['秋田', '犬']
```

例えば、先頭の bi-gram である ['私','は'] は、単語の保存されているリスト words のインデックス 0 番目の要素からインデックス 2 番目未満の要素まで（つまりインデックス 1 番目の要

素まで）が表示されるので、words[0:2] で指定できます。bi-gram は二単語から構成されますから、左側のインデックスに 2 を足した数を右側のインデックスに指定すれば、bi-gram が得られるというわけです。そう考えていくと、n-gram は n 個の単語から構成されていますから、一般に n-gram を得るには、左側のインデックスに n を足した数を右側のインデックスに指定すればいいはずです。この性質を利用して、文 sentence と n-gram の n を引数として与えると文中の単語の n-gram を返す関数を書いてみます。

```
>>> def get_word_n_grams(sentence, n):
    words = [token for token in t.tokenize(sentence, wakati=True)]
    result = []
    for index in range(len(words)):
        result.append(words[index: index+n])
        if index + n >= len(words):
            return result
```

sentence を単語分割した結果が words に入った後、for 文を使って繰り返し処理が行われます。このとき index には 0,1,2... の順番にインデックスの値が入ります。words[index: index+n] が n-gram にあたり、これをリスト result に追加していくことで、n-gram が列挙できています。if 文は、index ＋ n が単語数以上になったら、結果リスト result を返すということです。これがないと、最後の単語と（存在しない）その次の単語のセットの bi-gram を返そうとしてしまうので、最後の方の n-gram がおかしくなってしまいます。

いつもの文で実行してみます。

```
>>> sentence = '私は秋田犬が大好き。'
>>> get_word_n_grams(sentence, 1)
[['私'], ['は'], ['秋田'], ['犬'], ['が'],  ['大好き'], ['。']]
```

```
>>> get_word_n_grams(sentence, 2)
[['私', 'は'], ['は', '秋田'], ['秋田', '犬'],
 ['犬', 'が'], ['が', '大好き'], ['大好き', '。']]
```

```
>>> get_word_n_grams(sentence, 3)
[['私', 'は', '秋田'], ['は', '秋田', '犬'],
 ['秋田', '犬', 'が'], ['犬', 'が', '大好き'],
 ['が', '大好き', '。']]
```

となります。意図した通りの結果が得られていることが分かります。

文字の N-gram

　文字の n-gram についても簡単に示しておきます。

```
>>> def get_character_n_grams(sentence, n):
    result = []
    for index in range(len(sentence)):
        result.append(sentence[index: index+n])
        if index + n >= len(sentence):
            return result
```

文字単位にする場合には、単語分割はいりません。リスト words のかわりに、sentence を直接入れるだけで大丈夫です。実行してみると、

```
>>> get_character_n_grams(sentence, 1)
['私', 'は', '秋', '田', '犬', 'が', '大', '好', 'き',
 '。']
>>> get_character_n_grams(sentence, 2)
['私は', 'は秋', '秋田', '田犬', '犬が', 'が大', '大好',
 '好き', 'き。']
>>> get_character_n_grams(sentence, 3)
['私は秋', 'は秋田', '秋田犬', '田犬が', '犬が大', 'が大好',
 '大好き', '好き。']
```

となります。こちらも、意図した通りの結果になっています。

1.4　Bag-of-words

　さて、いよいよ、文書分類システムの入力をどうするのか、ということを考えたいと思います。最も基本的な方法は、単語の出現回数を利用する方法です。「私は秋田犬が大好き」を単語分割すると、

['私','は','秋田','犬','が','大好き','。']

になるのでした。単語の出現回数だけを考えると「私」が1回、「は」が1回、「秋田」が1回、「犬」が1回、「が」が1回、「大好き」が1回、「。」が1回になります。では、「私は犬が少し苦手。」という文はというと、

['私','は','犬','が','少し','苦手','。']

となるので、「私」が1回、「は」が1回、「犬」が1回、「が」が1回、「少し」が1回、「苦手」が1回、「。」が1回になります。このようにすると、ふたつの文を区別できそうです。このように、単語の出現だけを考えて文や文書を表す手法を bag-of-words と呼びます。直訳すると「単語のバッグ」となりますが、要するに、単語を袋の中に入れてごちゃっと保管するイメージです。袋の中にごちゃっと入れているので、振ると中身の位置が変わります。つまり、単語の出現する順番については考えないのが bag-of-words の特徴です。

　「秋田犬は私が大好き」という文はどうなるでしょうか。単語分割してみると、

['秋田','犬','は','私','が','大好き','。']

となります。やはり、「私」が1回、「は」が1回、「秋田」が1回、「犬」が1回、「が」が1回、「大好き」が1回、「。」が1回です。語順を考慮しないので、bag-of-words を使うと、「私は秋

田犬が大好き。」も「秋田犬は私が大好き。」も同じ表現になるのです。これを困ったことと考えるかどうかは応用先のシステムによります。「私は秋田犬が大好き。」も「秋田犬は私が大好き。」も「犬に関する文」であることは共通しています。「犬に関する文書かどうか」を分類するシステムに使うなら、特に困ることはないでしょう。よく考えてみると、このふたつの文を別々のカテゴリーに分類するシステムを作りたいときというのはあまりないような気がします。すると、文書分類を行うのにあたって、bag-of-words はなかなかいい表現方法であると言えます。

文書ベクトルの作成

　ではこの手法を使って、文書を表してみましょう。

　私は秋田犬が大好き。秋田犬は私が大好き。

という二つの文がひとつの文書に書かれていたとします。もうひとつの文書には、

　私は犬が少し苦手。

とだけ書かれているとします。一文書にしては両方ともかなり短いですが、例なのでわざと短くしています。まず、辞書型を使って、それぞれの単語が何回ずつ出現しているかを数えてみます。 ひとつの文書を入力にしたとき、その文書中の単語の出現回数を数える関数、get_bag_of_words は以下のようになります。

```
>>> def get_bag_of_words(document):
    result_dict = {}
    words=[token for token in t.tokenize(document, wakati=True)]
    for word in words:
        if word not in result_dict:
```

```
            result_dict[word]=1
        else:
            result_dict[word] += 1
    return result_dict
```

一文書を形態素解析器 t によって単語分割した結果がリスト words に入り、for 文の中ですべての単語について

　(1) 辞書の中にない単語なら一回目であると数える処理と

　(2) そうでなければ（辞書の中にある単語なら）これまでの出現回数に 1 を加える処理

を繰り返し行っています。先ほどの例で実行してみると、

```
>>> document1=' 私は秋田犬が大好き。秋田犬は私が大好き。'
>>> document2=' 私は犬が少し苦手。'
>>> get_bag_of_words(document1)
{' 私 ': 2, ' は ': 2, ' 秋田 ': 2, ' 犬 ': 2, ' が ': 2, ' 大好き ': 2, ' 。': 2}
>>> get_bag_of_words(document2)
{' 私 ': 1, ' は ': 1, ' 犬 ': 1, ' が ': 1, ' 少し ': 1, ' 苦手 ': 1, ' 。': 1}
```

となります。ちゃんとそれぞれの文書において単語の出現回数が数えられていることが確認できました。（辞書型を利用しているので、実行してみると、本と結果の順序が異なるかもしれません。）

　ここで、それぞれの文書のベクトルを作ることを考えます。文書分類システムを実現する方法は色々あるのですが、大抵の方法において、単語を数値で表すことが必要です。これは、コンピュータが数値を扱うのが得意だからです。文書や文を、上記のようにいくつかの単語の単語の集合として表すことを考えると、コンピュータ上では、文書や文を数値の集合として表すことになります。つまり、文書や文ひとつひとつの用例が、それぞれひとつのベクトルとして表されるのです。これを**用例ベクトル**と呼びます。文書だけではなく、単語や語句、文などのいろいろな言語的なアイテムをベクトルとして表す数理的なモデルのことを**ベクトル空間モデル**と呼びます。

単語を数値に変換するとき、特にどういう単語をどういう数値で表さなければいけない、という決まりはありません。仮に、「私」が1番で、「は」が2番だということにしたとして、「私」という単語より「は」の方が2倍重要だ、ということにもなりません。ただ、ルールとして、ある単語をある数値と紐づけて表現する、ということを行います。このように、数字を名前として対象に割り振った尺度のことを**名義尺度**といいます。文や文書の用例ベクトルに使われる単語を表す数値は、この名義尺度です。単語や品詞のように、カテゴリーが決まっているだけのデータを変数にするときには、便宜的に数値を割り振った変数を利用する必要があります。こういう変数のことを**ダミー変数**と呼びます。ダミー変数はかならず名義尺度になります。

　ベクトルの作り方には色々あるのですが、ここではまず、bag-of-words を使った文書分類において最も一般的な手法を紹介します。それは、「用例中にある単語が出てくる出現回数」をベクトルにするという方法です。ここでいう用例とは、システムの入力に相当します。文書分類ではひとつの文書がひとつの用例です。ですから、ひとつの文書につき、ひとつのベクトルを作ります。

　「用例中にある単語が出てくる出現回数」をベクトルにする方法では、例えば「用例中に『私』という単語が出てくる回数」を表す変数を x_1 にして、「用例中に『は』という単語が出てくる回数」を表す変数を x_2 とします。**コーパス**（用例集のこと）中の語彙のサイズを N とすると、x_N までの変数が必要です。そのように作ると、用例ベクトルは x_1 から x_N までの N 次元のベクトルとなります。このとき、x_1 や x_2 などの変数のことを自然言語処理では**素性**（そせい）と呼びます[7]。また、その変数の値のことを**素性値**（そせいち）と呼びます[8]。そのため、用例ベクトルのことを素性ベクトルと呼ぶこともあります。

　先ほどの犬に関する二つの文書でふたつの用例ベクトルを作ってみます。まずは make_dictionary という関数を定義して素性の辞書を作ります。

---

[7] 画像処理やゲーム情報学、また機械学習系だと特徴と呼びます。属性と呼ぶ分野もあるようです。
[8] 画像処理やゲーム情報学、また機械学習系だと特徴量と呼びます。属性値と呼ぶ分野もあるようです。

```
>>> def make_dictionary(documents):
    result_dict = {}
    index=1
    for adocument in documents:
      words=[token for token in t.tokenize(adocument, wakati=True)]
      for word in words:
        if word not in result_dict:
          result_dict[word]=index
          index+=1
    return result_dict
```

```
>>> t = Tokenizer()
>>> document1=' 私は秋田犬が大好き。秋田犬は私が大好き。'
>>> document2=' 私は犬が少し苦手。'
>>> documents=[document1, document2]
>>> dict=make_dictionary(documents)
>>> dict
{'私': 1, 'は': 2, '秋田': 3, '犬': 4, 'が': 5,
 '大好き': 6, '。': 7, '少し': 8, '苦手': 9}
```

　こうすることで素性の辞書ができます。（辞書型を利用しているので、実行してみると、本と結果の順序が異なるかもしれません。）ここでいう素性の辞書とは、単語と用例ベクトルの素性番号（次元のインデックス）を紐づけたものです。この例では、用例ベクトルの1次元目は「私」の出現回数で、2次元目は「秋田」の出現回数、「犬」、「が」、「大好き」、「。」、「少し」、「苦手」の出現回数がそれぞれ3次元〜9次元目になりました。この素性番号は、必ず、全用例で一致していなければなりません。ひとつ目の文書の1次元目は「私」の出現回数なのに、ふたつ目の文書の1次元目は「犬」の出現回数、のように用例ごとに次元の意味が変わってしまうと、コンピュータにとって文書分類の手掛かりにならないからです。そのため、引数は複数形のdocumentsになっています。documentsは文書のリストであることに注意してください。ここで利用した例では、文書はふたつしか扱っていませんが、実際は何千何万の文書を分類することも珍しくなく、そのときにはインデックスの最高値（つまり用例ベクトルの次元数＝素性数）も千や万の単位になります。何千何万の文書を与えられたときの語彙数Nがベ

クトルの次元数に相当するのですから、ベクトルが大きくなるのも納得です。ベクトルが大き
くなると、ほとんどの次元が0になるようになってきます。何千何万の語彙の中では、一文書
に出てくる単語は一握りだからです。このように、ほとんど0で埋まっているベクトルのこと
を**疎（スパース）**なベクトル、と言います。

　次に、make_BOW_vectors という関数を定義して用例ベクトルを作ります。引数はまた複数
形の documents と、さっき作ったような素性の辞書、dictionary です。

```
>>> def make_BOW_vectors(documents, dictionary):
  result_vectors=[]
  for adocument in documents:
    avector={}
    words=[token for token in t.tokenize(adocument, wakati=True)]
    for entry in dictionary:
      avector[dictionary[entry]]=0
    for word in words:
      avector[dictionary[word]]+=1
    result_vectors.append(avector)
  return result_vectors
```

```
>>> make_BOW_vectors(documents, dict)
[{1: 2, 2: 2, 3: 2, 4: 2, 5: 2, 6: 2, 7: 2, 8: 0, 9: 0},
 {1: 1, 2: 1, 3: 0, 4: 1, 5: 1, 6: 0, 7: 1, 8: 1, 9: 1}]
```

　もともとの文

　'私は秋田犬が大好き。秋田犬は私が大好き。'
　'私は犬が少し苦手。'

と、make_dictionary の実行結果

{'私': 1, 'は': 2, '秋田': 3, '犬': 4, 'が': 5, '大好き': 6, '。': 7, '少し': 8, '苦手': 9}

を見ながら結果を見てみると、それぞれの素性のインデックスが表す単語の、それぞれの文書中での出現回数が用例ベクトルになっているのが確認できます。

この例では、uni-gram の bag-of-words の出現回数を素性としましたが、bi-gram や tri-gram の bag-of-words の出現回数を素性にすることも可能です。ただし、n-gram の n が大きくなるにつれて、長い単語の連なりの出現回数を数えることになるので、なかなかコーパス中に見つからなくなってきます。どの用例でも0になってしまうと、その素性は文書分類の手掛かりとしては役に立たなくなります。一方で、コーパスが大きければ、長い単語の連なりも出てくる可能性が高くなります。ですから、コーパスサイズを考慮して素性を設計することが重要です。

uni-gram の bag-of-words の出現回数を素性とする方法に加えて、「uni-gram の bag-of-words の出現」を素性とする方法についても触れておきます。この手法では、例えば、「用例中に『私』という単語が出てくるという事象」や「用例中に『は』という単語が出てくるという事象」を表す素性を利用します。用例中に問題の単語が出てくれば素性値を1に、出て来なければ素性値を0にするというものです。関数 make_BOW_onehot_vectors とその結果を次に示します。

```
>>> def make_BOW_onehot_vectors(documents, dictionary):
  result_vectors=[]
  for adocument in documents:
    avector={}
    words=[token for token in t.tokenize(adocument, wakati=True)]
    for entry in dictionary:
      avector[dictionary[entry]]=0
    for word in words:
      avector[dictionary[word]]=1
    result_vectors.append(avector)
  return result_vectors
```

```
>>> make_BOW_onehot_vectors(documents, dict)
[{1: 1, 2: 1, 3: 1, 4: 1, 5: 1, 6: 1, 7: 1, 8: 0, 9: 0},
 {1: 1, 2: 1, 3: 0, 4: 1, 5: 1, 6: 0, 7: 1, 8: 1, 9: 1}]
```

関数 `make_BOW_vectors` の結果

```
[{1: 2, 2: 2, 3: 2, 4: 2, 5: 2, 6: 2, 7: 2, 8: 0, 9: 0},
 {1: 1, 2: 1, 3: 0, 4: 1, 5: 1, 6: 0, 7: 1, 8: 1, 9: 1}]
```

と比較すると、素性値が 0 のときはそのままで、素性値が 1 以上の時には 1 になっていることが確認できます。

CountVectorizer モジュールによる単語の出現頻度の文書ベクトル

　ここまで、素性と素性値の関係を説明するために、わざわざプログラムを書いて bag-of-words を辞書型のリストにしてきましたが、実はこんなことをしなくても、scikit-learn (sklearn) という Python の機械学習用のライブラリに、コーパスから bag-of-words の出現回数の行列に変換してくれるモジュール、CountVectorizer が備わっています。そちらの方が簡単なので、やり方を示しておきます。なお、ここで行列というのは、用例数分のベクトルのことです。プログラム上では大抵、用例数×素性数の行列として文書集合を扱います。

　CountVectorizer のやり方は、基本的には、公式サイト[9]に載っているやり方でいいのですが、本家は英語の処理を想定しているので、コーパスの入力は分かち書きされている文のリストになります。念のため、これまでの入力形式からこのモジュールの入力形式に変換するプログラムも示しておきます。

```
>>> def make_corpus(documents):
  result_corpus=[]
  for adocument in documents:
    words=[token for token in t.tokenize(adocument, wakati=True)]
    text=" ".join(words)
    result_corpus.append(text)
  return result_corpus
```

---

[9] https://scikit-learn.org/stable/modules/generated/sklearn.feature_extraction.text.CountVectorizer.html

```
>>> t = Tokenizer()
>>> document1=' 私は秋田犬が大好き。秋田犬は私が大好き。'
>>> document2=' 私は犬が少し苦手。'
>>> documents=[document1, document2]
>>> corpus=make_corpus(documents)
>>> corpus
[' 私 は 秋田 犬 が 大好き 。 秋田 犬 は 私 が 大好き 。',
 ' 私 は 犬 が 少し 苦手 。']
```

CountVectorizer モジュールは、オリジナルでは一文字だけで構成されている単語を単語として利用しない方針になっています。英語では「a」や「I」が無視されるだけなのですが、日本語でこの設定をそのまま利用してしまうと、「犬」などの漢字で書かれた比較的重要な単語が無視されてしまい、問題になってしまいます。そのため、以下のプログラムでは、上から二行目で、一文字の単語を許容するように、token_pattern を指定することで対応しています。これを書いておけば、一文字の文字も単語として認識してくれます。

```
>>> from sklearn.feature_extraction.text import CountVectorizer
>>> vectorizer = CountVectorizer(token_pattern='(?u)\\b\\w+\\b')
        # 一文字の単語を許容するように、token_pattern を指定する
>>> X = vectorizer.fit_transform(corpus)
>>> print(vectorizer.get_feature_names_out(corpus))
[' が ' ' は ' ' 大好き ' ' 少し ' ' 犬 ' ' 私 ' ' 秋田 ' ' 苦手 ']
>>> print(X.toarray())
[[2 2 2 0 2 2 2 0]
 [1 1 0 1 1 1 0 1]]
```

この例では、vectorizer という名前の単語の出現回数への変換器を作り、それを上記で作った corpus に適用して、X という名前の行列を得ています。最後に X.toarray() で疎な行列形式で保存されていた X を 0 が見える形の行列形式に変換してから、表示しています。get_feature_names_out([input_features]) では、変換器 vectorizer の素性名をゲットしています。この順番で、素性ベクトルが表示されているのが確認できます。get_feature_names_ out([input_features])[10] の素性名は、さっき作ったような素性の辞書、dictionary に対応しているとお分かりでしょう。

　このモジュールを使うと、n-gram の bag-of-words の出現回数も簡単に求められます。bi-gram の出現回数が求めたければ、vectorizer の指定部分を

```
>>> vectorizer = CountVectorizer(token_pattern='(?u)\\b\\w+\\b', ngram_range=(2, 2))
```

としておけば、

```
['が 大好き', 'が 少し', 'は 犬', 'は 私', 'は 秋田', '大好き 秋田', '少し 苦手', '犬 が', '
犬 は', '私 が', '私 は', '秋田 犬']
[[2 0 0 1 1 1 0 1 1 1 1 2]
 [0 1 1 0 0 0 1 1 0 0 1 0]]
```

という風に bi-gram の出現回数の行列を出力してくれますし、uni-gram と bi-gram の出現回数が求めたければ、vectorizer の指定部分を

```
>>> vectorizer = CountVectorizer(token_pattern='(?u)\\b\\w+\\b', ngram_range=(1, 2))
```

としておけば、

```
['が', 'が 大好き', 'が ... , '秋田 犬', '苦手']

[[2 2 0 2 0 1 1 2 1 0 0 2 1 1 2 1 1 2 2 0]
 [1 0 1 1 1 0 0 0 0 1 1 1 1 0 1 0 1 0 0 1]]
```

という風に uni-gram と bi-gram の出現回数の行列を出力してくれます。また、以下のように

---

[10] get feature names out は scikit-learn の 1.0.0 から導入されました。古いバージョンの scikit-learn をお使いの方は
> pip install --upgrade scikit-learn によりアップグレードできます。

すれば、既にある単語の出現回数への変換器（この例では vectorizer という名前）を使って新しい文書集合から出現回数の行列を作ってくれます。機械学習のテストデータ（後述）に利用できます。

```
>>> new_X = vectorizer.transform(new_corpus)
```

1.5　TF-IDF

　前節では bag-of-words を用いた「単語の出現回数」や「単語が出てきたかどうか」を素性にする方法を勉強しました。しかしこれらの方法には、問題があります。それは、文書を分類する際にどんな単語が重要であるかということを反映できないことです。例えば、音楽についての文書なのか、スポーツについての文書なのかを分けたいとき、人間ならば、楽器や曲の名前が出てきたら音楽の文書だなと思うでしょうし、「監督」や「ボール」などの単語が出てきたらスポーツについて書かれているなと感じると思います。その反対に「て、に、を、は」などの助詞が出てきているからといって、音楽についての文書なのかスポーツについての文書なのか分かる人はいないでしょう。このように、文書のカテゴリーを分けるために重要な単語と重要でない単語があるのです。

　これらの重要な単語は、文書をどのようなカテゴリーに分けるかによって異なります。例えば、音楽とスポーツとに分けるときに重要だった「ボール」という単語は、野球についてとサッカーについてを分ける時にはあまり重要ではなくなるでしょう。このような単語の重要度を考慮した値が、**TF-IDF**[11]です。

　それでは、文書を表すのに重要な単語とはどんな単語でしょうか。ひとつには、その文書に何度も出てくる単語であると考えられます。これは前節で使ったような、単語の出現回数です。でもそれだけだと、「て、に、を、は」などの助詞も重要な単語になってしまいます。実は、

---

[11] ティーエフアイディーエフと読みます。

文書を表すのに重要な単語のもうひとつの特色は、「他の文書にはあまり出てこない」ということです。「て、に、を、は」などの助詞がなぜ重要ではないかというと、どんな文書にもたくさん出てくるので、文書を区別するのに役に立たないからです。

TF-IDF は、この考えに基づいた値です。TF と IDF の掛け算で算出できます。TF は Term Frequency の略で、単語の出現頻度を表し、IDF は Inverse Document Frequency の略で単語の逆文書頻度を表しています。

TF にはいくつかの定義があるのですが、ここでは二つの手法を紹介します。ひとつは、単純に出現回数を利用する方法です。

$$tf_{i,j} = n_{i,j}$$ ·· (1-1)

ここで、$n_{i,j}$ は、単語 w_i の文書 d_j における出現回数です。

もう一つの方法は、以下の式を使う方法です。

$$tf_{i,j} = \frac{n_{i,j}}{\sum_k n_{i,j}}$$ ·· (1-2)

分子は単語 w_i の文書 d_j における出現回数であり、分母は、その単語のすべての文書中における出現回数の総和です。つまり、TF は正確には、単語の出現回数の比率です [12]。こうすると、コーパスの中に、長い文書と短い文書が混じっていた時にその影響を緩和する働きが期待できます。

これに対し、単語 w_i の文書 d_j における IDF は以下の式で表されます。

$$idf_{i,j} = log \frac{|D|}{|d : d \ni w_i|}$$ ·· (1-3)

---

[12] ルートを利用する方法や、log を利用する方法（後述）もあります。

ここで、分子 $|D|$ はコーパス中の総文書数、分母 $|d : d \ni w_i|$ は単語 w_i を含む文書数です。

　前節で説明した bag-of-words と同様、sklearn にコーパスから TF-IDF の行列に変換してくれるモジュール、TfidfVectorizer[13] があります。 このモジュールでは、TF には単純な出現回数を利用しています。 また、IDF には、smooth_idf=False の設定にすると以下の式が利用されています。

$$ idf_{i,j} = log \frac{|D|}{|d : d \ni w_i|} + 1 \quad \dots\dots\dots\dots\dots\dots\dots\dots\dots\dots\dots\dots\dots\dots\dots (1\text{-}4) $$

どうして 1 を足しているかというと、すべての文書に出てくる単語を無視しないためです。すべての文書に出てくる単語は、分子も分母も 1 になって、$log\,(1) = 0$ となってしまうので、それを避けているということです。さらに、モジュールのデフォルト設定（特に何も指定していないときの基本的な設定）では smooth_idf=True となっているため、以下の式が利用されています。

$$ idf_{i,j} = log \frac{|D| + 1}{|d : d \ni w_i| + 1} + 1 \quad \dots\dots\dots\dots\dots\dots\dots\dots\dots\dots\dots\dots (1\text{-}5) $$

式（1-4）にさらに分子と分母に 1 を足したものになっています。今持っているコーパスのほかに、どの単語も一度ずつでてくる文書がひとつあったと仮定すると、このような式になります。こうすることで、分母が 0 になること（ゼロ除算）を防ぐことができます。このような処理のことを**スムージング (smoothing)** と呼びます。

TfidfVectorizer モジュールによる TF-IDF の文書ベクトル

　それでは、TfidfVectorizer を利用してみましょう。単語の出現回数の行列に変換してく

---

[13] https://scikit-learn.org/stable/modules/generated/sklearn.feature_extraction.text.TfidfVectorizer.html#sklearn.feature_extraction.text.TfidfVectorizer

れる CountVectorizer とほとんど使い方も同じです。

```
>>> from sklearn.feature_extraction.text import TfidfVectorizer
>>> vectorizer = TfidfVectorizer(token_pattern='(?u)\\b\\w+\\b')
>>> X = vectorizer.fit_transform(corpus)
>>> print(vectorizer.get_feature_names_out(corpus))
['が', 'は', '大好き', '少し', '犬', '私', '秋田', '苦手']
>>> print(X.toarray())
[[0.35464863 0.35464863 ... 0.49844628 0.         ]
 [0.35464863 0.35464863 ... 0.         0.49844628]]
```

n_gram にも対応しています。そのため、例えば、vectorizer の指定部分を

```
>>> vectorizer = TfidfVectorizer(token_pattern='(?u)\\b\\w+\\b', ngram_range=(2, 2))
```

とすると、

```
['が 大好き', 'が 少し', 'は 犬', ... , '私 は', '秋田 犬']

[[0.53428425 ...  0.26714212 0.26714212
  0.         ...  0.19007382 0.53428425]
 [0.         ...  0.         0.
  0.49922133 ...  0.35520009 0.         ]]
```

と出力されます。

　また、CountVectorizer のときと同様、以下のようにすれば、既にある変換器（この例では vectorizer という名前）を使って新しい文書集合から TF-IDF の行列を作ってくれます。機械学習のテストデータ（後述）に利用できます。

```
>>> new_X = vectorizer.transform(new_corpus)
```

1.6　Latent Semantic Analysis

　前節で TF-IDF を勉強したので、単語の重要度を考慮した用例ベクトルが作れるようになりました。これを使って文書分類の機械学習を行うこともたくさんありますが、場合によってはこれではうまくいかないことがあります。

　まず、問題点として考えられるのは、(1) 用例ベクトルの行列が疎になっている、ということです。機械学習による文書分類は、たくさんの用例ベクトルとその属する正解のカテゴリーを見て、「こういう手掛かり（素性と素性値の組み合わせ）があるときには、こういうカテゴリーに分類するのだ」ということを学習していくものです。そのため、基本的には似たような用例の答えが分かっていれば、その答えを参考にできます。ところが、用例ベクトルの行列が疎になっていると、ほとんどの素性が 0 なわけですから、「同じ単語が出てきている」ということが起こりません。単語の重要度が分かっても、これでは困ってしまいます。素性が 0 ということは、その単語が出てきていないということですが、「文書 A でも文書 B でも、同じ単語が『出てこない』ということ」は文書分類の手掛かりとしては非常に弱く、大抵は役に立たないからです。

　もうひとつの問題点は (2) 単語には類義語と多義語がある、ということです。類義語とはほとんど同じ意味を持つ言葉です。例えば「扉」と「ドア」はほとんど同じ意味ですが、違う単語です。「扉」と「ドア」の違いは例えば「猫」と「ディープラーニング」との違いよりずっと近いように思われますが、今のところ、別の単語であれば単純に別の素性を与えているので、その差は考慮されていません。多義語は類義語とは逆に、たくさんの意味を持つ単語です。「マウス」という単語が出てきたとき、コンピュータのデバイスである可能性もありますし、ねずみのことかもしれません。これまでの手法だと、この違いを考慮できていないのです。

　もうひとつの問題点は (3) 用例ベクトルの行列のサイズが大きい、ということです。今でこそコンピュータのメモリの制限はあまりなくなりましたが、それでも同じ情報量をメモリを節約して表せるなら、それに越したことはないでしょう。

　これらの問題を一度に解決する方法が **Latent Semantic Analysis**、通称 **LSA** です。日本語訳

の**潜在意味解析**とも呼ばれます。検索の分野では、潜在意味インデックス (Latent Semantic Indexing: LSI) とも呼ばれます。ざっくり言うと、疎な行列である用例ベクトルの行列を、低次元の意味空間に落とし込むことで、密な行列[14]にするという手法です。これを行うことで、上記の三つの問題が解決できるのみならず、行列を圧縮することで、データにノイズがあった際にも、ノイズを除去する効果があることが知られています。

　具体的には、**特異値分解（Singular Value Decomposition: SVD）** という手法を使います。数学的に、任意の実行列は二つの直交行列と特異値からなる対角行列の内積に分解できるという性質があります。つまり、$m \times n$ 次元の行列 X は、$m \times k$ 次元の行列（直交行列）U と、$k \times k$ 次元の行列（対角行列）Σ と $k \times n$ 次元の行列（直交行列）V^T の積算と等しくなります。つまり、

$$X = U \Sigma V^T \quad \cdots\cdots\cdots\cdots\cdots\cdots\cdots\cdots\cdots\cdots\cdots\cdots\cdots\cdots\cdots\cdots\cdots\cdots\cdots\cdots\cdots\cdots (1\text{-}6)$$

です。これは、X を U と（Σ と）V^T に分解できるということです。図に書くと、図1.2のようになります。ここで X は単語数＝素性数（m 次元）×文書数（n 次元）の行列であり、この X が単語数（m 次元）×トピック数（k 次元）の行列 U と、トピック数分の特異値と、トピッ

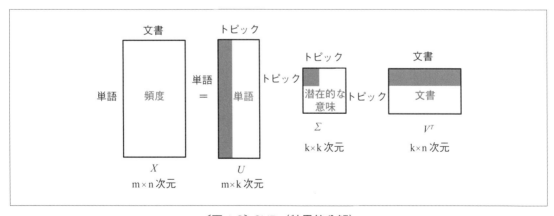

〔図1.2〕SVD（特異値分解）

---

[14] 疎な行列の反意語。つまり0の少ない行列のこと。

ク数（k 次元）×文書数（n 次元）の行列に分解されます。このトピックとは話題のことで、これを介することで潜在的な意味を表します。単語を潜在的な意味にまとめる処理を行うのが、LSA なのです。

　さらにこの手法を使うと、特異値の順番で、上位 r 個のトピックを選び、任意の要素に次元削減することができます。つまり、

$$X \simeq X_r = U_r \Sigma_r V_r^T \quad \cdots\cdots\cdots\cdots\cdots\cdots\cdots\cdots\cdots\cdots\cdots\cdots\cdots\cdots\cdots\cdots\cdots\cdots\cdots \text{(1-7)}$$

となります。この U_r、Σ_r、V_r^T は図 1.2 では灰色の部分にあたります。

TruncatedSVD モジュールによる LSA

　LSA は sklearn の TruncatedSVD[15] というモジュールを使って実行することができます。TruncatedSVD の入力 X は文書数×素性数の行列で、図 1.2 と行と列が逆になっており、これまでに使ったモジュール、CountVectorizer や TfidfVectorizer の出力をそのまま使える形になっています。しかし出力される特異値は変わらないので大丈夫です。

　例を使ってやってみましょう。まず、適当に 10 用例の例文を書いて前節で作った関数、make_corpus にかけ、10 文書の corpus を作り、TfidfVectorizer を利用して TF-IDF の行列に変換します。TruncatedSVD では、単語の出現回数の行列より TF-IDF の行列を使うことと、LSA の誤った仮定を補正して素性値をガウス分布に近づけるために、TfidfVectorizer のパラメータとして sublinear_tf=True, use_idf=True とすることが推奨されています[16]。sublinear_tf=True は TF を出現頻度そのものではなく、

$$1 + log(n_{i,j}) \quad \cdots\cdots\cdots\cdots\cdots\cdots\cdots\cdots\cdots\cdots\cdots\cdots\cdots\cdots\cdots\cdots\cdots\cdots\cdots\cdots \text{(1-8)}$$

に置き換える設定です。use_idf は IDF を計算に利用するかを指定するパラメータで、これ

---

[15] https://scikit-learn.org/stable/modules/generated/sklearn.decomposition.TruncatedSVD.html

[16] https://scikit-learn.org/stable/modules/decomposition.html#lsa

を True にすると前節の式（1-4）や式（1-5）を利用しますが、False にするとどの単語も $IDF = 1$ に置き換わります。use_idf はデフォルトで True なのですが、sublinear_tf はデフォルトでは False なので、これを True にするためには、下記のように実行しなおす必要があります。

```
>>> vectorizer = TfidfVectorizer(token_pattern='(?u)\\b\\w+\\b', sublinear_tf=True)
>>> X = vectorizer.fit_transform(corpus)
>>> X.shape
(10, 57)
```

　ここでは行列が大きくなってしまうので、行列そのものを表示するのではなく、行列の型を表示させています。筆者が用意した 10 文書を通じた語彙のサイズが 57 単語だった[17]ようで、10 行 57 列の行列になっていました。なお、ここで 10 行なのは、文書数が 10 だからです。また、用意した 10 文書のうち、2 つの文書は、おなじみの「私は秋田犬が大好き。秋田犬は私が大好き。」と「私は犬が少し苦手。」だったのですが、これらの文それぞれに出てくる語彙は両方とも 7 つにすぎないので、57 次元のうち 50 次元が 0 である疎なベクトルになるのが分かります。それでは、この TF-IDF の行列を SVD にかけてみましょう。

```
>>> from sklearn.decomposition import TruncatedSVD
>>> svd = TruncatedSVD(n_components=7, n_iter=5, random_state=42)
>>> newX=svd.fit_transform(X)
>>> print(newX)
[[ 0.63766684 ... 0.03668821 -0.247584]
 [ 0.56856989 ... -0.01388097 -0.27937207]
 …
 [ 0.17729441 ... -0.09609122 0.03714835]]

>>> print(newX.shape)
(10, 7)
```

---

[17] 用意した文書によって、この 彙サイズは変わりますので、行列の列数も変わります。

　まず、インポートした TruncatedSVD を使って、svd という名前の次元削減器を作ります。この例では n_components=7 と指定することによって、上位から 7 つの主要な要素に次元を削減するように指定しています。この値は、式（1-7）における r に相当します。

　残りの二つのパラメータは繰り返し回数とランダムの設定で、アルゴリズムのパラメータです。次に、次元削減器 svd を TF-IDF 行列の X に適用し、その結果を newX に得ています。新しく得た行列 newX そのもの [18] と共に、ここでも newX の型を表示しています。10 文書の用例ベクトルがそれぞれ 7 次元に削減されたことが分かります。また、もとの行列は疎な行列だったのに対して、新しい行列は密な行列であることが確認できます。

　次に svd.explained_variance_ratio_ を使って、それぞれの次元の寄与率を表示してみましょう。寄与率とは、ある次元の要素が、どの程度オリジナルのデータを表現できているかを表す率のことです。

　また、svd.explained_variance_ratio_.sum() のようにすると、削減後の次元の寄与率の和（累積寄与率）を求めることができます。

```
>>> svd.explained_variance_ratio_
array([0.03667877, 0.15012475, 0.14335443, 0.12162776, 0.12126485,
       0.10472207, 0.09752666])
>>> svd.explained_variance_ratio_.sum()
0.7752993009574696
```

　この結果を見ると、7 次元に削減したとき、もとのデータの 78% ほどを表せていることが分かります。削減後の次元数（r）と累積寄与率はトレードオフの関係にあります。次元数が小さい時ほど、行列サイズは小さくできますが、もとのデータを表すのが難しくなります。しかし次元数を大きくするほど、もとのデータを表すのが簡単になりますが、行列サイズが大き

---

[18] この行列の結果は一例です。用意した文書やランダムのパラメータ設定によって結果は変わります。また、寄与率と累積寄与率も同様です。

くなります。試しに

```
>>> svd = TruncatedSVD(n_components=3, n_iter=5, random_state=42)
```

のようにして3次元とすると、

```
[0.03667877 0.15012475 0.14335443]
0.33015795994171276
```

となり、もとの行列の約3割ほどの情報を再現できていることが分かりました。

　また

```
>>> svd = TruncatedSVD(n_components=10, n_iter=5, random_state=42)
```

　のようにして10次元とすると、

```
[0.03667877 0.15012475 0.14335443 0.12162776 0.12126485 0.10472207
 0.09752666 0.0838939 0.08101079 0.05979601]
0.9999999999999999
```

となり、もとの行列のほとんどの情報を再現できていることが分かりました。どの程度の次元数まで削減するかは、次元数と累積寄与率を両方見て決めることになります。

第2章

分散表現

2.1　分散表現とは

　LSA では、要素数が語彙のサイズ分あった用例ベクトルを、SVD を用いて次元削減しました。こうすることで、トピックを介して潜在的な意味を表現することで疎なベクトルは密なベクトルになり、単語は意味にまとめられました。では、言葉の意味とは何なのか、ということを次に考えたくなってきます。しかしこれはかなり難しい問題です。そのため、ここでは意味とは何かという問題に踏み込むのはやめておきます。自然言語処理は情報工学の一分野ですから、とりあえず、言葉の意味をコンピュータ上で取り扱えれば、目的は十分に達成されたといっていいでしょう。

　自然言語処理では、言語学の分布意味論（distributional semantics）にある分布仮説という仮説をもとに、意味を取り扱ってきました。それは、「分布が似ている言語的なアイテムは意味も似ている」というものです。もっとわかりやすく言うと、「似たような文脈に出てきた単語、句、文などは、意味が似ている」ということになります。例えば、LSA では bag-of-words（やTF-IDF）の行列を次元削減して意味にまとめました。bag-of-words は（文中や）文書中に出てくる単語の出現回数ですから、「同じ文書に出てくる単語の出現回数」の分布を数学的に処理して「意味」を取り扱っている、と言えます。このように、数値的な分布を使って意味を表すことができるという考え方は、コンピュータと非常に相性がいいのです。

　では次に、単語の意味を分布仮説に基づいてベクトルで表すことを考えます。1 章では文書をベクトル化する手法について説明しました。これは、ひとつの文書をひとつのベクトルとして表す手法でした。今度は、ひとつの単語をひとつのベクトルとして表すことを考えます。何らかの方法で、単語を分布として表せれば、分布仮説を使って単語の意味を表せそうです。

　この方法としては、以下のふたつが知られています。ひとつは、単語を共起する単語の集合としてとらえる方法です。例えば、ある単語を、その単語が出てくる文中に一緒に出てくる（共起する）ほかの単語の出現回数や TF-IDF の分布で表します。もうひとつは、文や文書にインデックス番号を振っておき、単語をその単語が出てくる文や文書の分布で表す方法です。

　この際、疎な分布のベクトルから、低次元で実数のベクトル空間に数学的な「埋め込み」を

行って、コンピュータで扱いやすい密なベクトルとします。このように表されたベクトルのことを、**単語の分散表現**（distributed representations）と呼びます。また、ベクトル自身とベクトル作成のための技術のことを総じて、**単語の埋め込み**（word embedding）と呼びます。分散表現の作成には、SVD を利用する手法、確率モデルを利用する手法などのほかに、ニューラルネットワークを利用する方法があります。現在では、ニューラルネットワークを利用する手法が最もよく利用されています。また、分散表現は単語に限らず、句や文、文書についても作ることができます。

実をいうと、自然言語処理という分野において、もっともはやくディープラーニング技術が取り入れられたのは、この分散表現でした。本章では主に、ディープラーニング登場以降の単語や文の表現方法を説明します。

単語の分散表現には、語彙ごとにベクトルを作るタイプと出現ごとにベクトルを作るタイプがあります。一般に、単語について考えるときには**タイプ**と**トークン**の違いを意識する必要があります。例えば、

私は私。

という文を考えたとき、文中には「私」「は」「私」「。」という四つのトークン（出現）がありますが、同時に「私」「は」「。」の三種類の語彙（単語のタイプ）があると考えることができます。

歴史的にみると、まず先に作られたのは語彙のレベルの分散表現でした。単語には固有の意味があると考えれば、この手法は妥当です。ただ、この方法では「ドア」と「扉」のような類義語は似たようなベクトルになりますが、多義語については扱えません。「マウス」のベクトルは、コンピュータデバイスなのかねずみなのかを区別できないので、一緒くたになったベクトルになります。ニューラルネットワークで作られた語彙のレベルの分散表現には、word2vec や fastText、GloVe などがあります。

ディープラーニングの研究が盛んになり、ネットワークアーキテクチャが進化してくると、出現レベルの単語の分散表現が登場しました。出てくる文脈ごとに別のベクトルになるので、多義語の問題にも対応できます。出現レベルの単語の分散表現では、LSTM（後述）というネットワークアーキテクチャを利用した ElMo や、Transformer というネットワークアーキテクチャを利用した BERT（後述）によるものが有名です。

２.２　cos 類似度

　では次に、どのようにコンピュータ上で単語の意味的な類似性を取り扱うか、ということを考えましょう。単語などの単位にかかわらず、また意味的かどうかにかかわらず、一般にベクトル空間モデルにおいて言語学的なアイテムの類似度を計算するためには、**cos 類似度**（コサイン類似度）がよく使われます。この cos というのは、sin、cosin の cosin のことです。なお、この cos 類似度は、単語の出現頻度や TF-IDF などの疎なベクトル同士の計算にも利用できます。

　高校数学でベクトルの計算について習ったことのある人なら、ベクトルの内積は習っているでしょう。それを思い出してください。$\vec{A} = (a_1, a_2)$ と $\vec{B} = (b_1, b_2)$ という二次元のふたつのベクトルを考えてみます。このふたつのベクトルの内積は

$$\vec{A}\vec{B} = a_1 b_1 + a_2 b_2 \quad \cdots\cdots\cdots\cdots\cdots\cdots\cdots\cdots\cdots\cdots\cdots\cdots\cdots\cdots\cdots (2\text{-}1)$$

で求められました。内積には二つのベクトルのなす角 θ とそれぞれのベクトルの長さ（$|\vec{A}|$ と $|\vec{B}|$）を使った求め方もあり、そちらを使うと、

$$\vec{A}\vec{B} = |\vec{A}||\vec{B}|cos(\theta) \quad \cdots\cdots\cdots\cdots\cdots\cdots\cdots\cdots\cdots\cdots\cdots\cdots\cdots (2\text{-}2)$$

でも求められました。この二つの式から、

$$cos(\theta) = \frac{a_1 b_1 + a_2 b_2}{|\vec{A}||\vec{B}|} \quad \cdots\cdots\cdots\cdots\cdots\cdots\cdots\cdots\cdots\cdots\cdots (2\text{-}3)$$

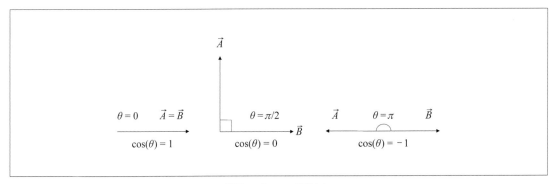

〔図 2.1〕cos 類似度

が言えます。

　図 2.1 は cos 類似度のイメージ図です。二つのベクトルが等しいとき、$\theta = 0$ になります。このとき、cos(0) は 1 です。つまり、二つのベクトルが等しい場合、その二つのベクトルのなす角の cos の値は 1 になることがわかります。逆に、二つのベクトルが逆向きだったらどうでしょうか。つまり、$\theta = \pi$（180 度）の場合です。$cos(\pi) = -1$ です。また、$\theta = \pi/2$（90 度）のときは $cos(\pi/2) = 0$ です。このことから、二つのベクトルのなす角の cos の値は、そのふたつのベクトルの類似度を表していることが直感的に理解できると思います。この性質を利用したベクトルの類似度が cos 類似度です。上記の説明では二次元で考えていましたが、これを n 次元にしても同じです。$\vec{A}$ と $\vec{B}$ が両方 n 次元のベクトルのとき、

$$cos(\vec{A}, \vec{B}) = \frac{\sum_{x=1}^{n} a_x b_x}{|\vec{A}||\vec{B}|} = \frac{\sum_{x=1}^{n} a_x b_x}{\sqrt{\sum_{x=1}^{n} a_x^2}\sqrt{\sum_{x=1}^{n} b_x^2}} \quad \cdots\cdots\cdots\cdots\cdots\cdots\cdots\cdots (2\text{-}4)$$

によって類似度が計算できます。

cosine_similarity モジュールによる cos 類似度

　早速、Python でベクトルの cos 類似度を計算してみましょう。簡単な式なので、プログラムにするのも簡単だと思いますが、sklearn のモジュールにあるので、使ってしまいます。

sklearn.metrics.pairwise の cosine_similarity というモジュールです。どんなベクトルで計算してもいいのですが、せっかくなので、おなじみの、

私は秋田犬が大好き。秋田犬は私が大好き。

私は犬が少し苦手。

というふたつの文を 1 章の LSA を使ってそれぞれ次元削減したベクトル、

```
[ 0.63766684 -0.41904035 0.23741743 -0.10413639 -0.08510271 0.03668821
-0.247584]
 [ 0.56856989 -0.4931894   0.15201046 -0.1299718 -0.07666711 -0.01388097
-0.27937207]
```

の類似度を求めてみます。

```
>>> from sklearn.metrics.pairwise import cosine_similarity
>>> A=newX[0]
>>> B=newX[1]
>>> print(cosine_similarity(A.reshape(1,-1),B.reshape(1,-1)))
[[0.98469024]]
```

　LSA で 7 次元にした用例ベクトルの行列 newX の 0 行目の用例ベクトル（「私は秋田犬が大好き。秋田犬は私が大好き。」の用例ベクトル）を A に、1 行目の用例ベクトル（「私は犬が少し苦手。」）の用例ベクトルを B に代入します。そのうえで、cosine_similarity で cos 類似度を計算しているのですが、ここで二つの用例ベクトルを reshape(1,-1) で 1 行 × 7 列の行列に変形させていることに注意してください[1]。これをしないと、A や B は、(7,) という型のベクトルのままなので、動きません。cosine_similarity の入力は、ベクトルではなくて、

---

[1] reshape() の引数に -1 を指定すると、その次元はほかの引数に合わせて適切な次元数にしてくれます。

用例数×素性数の行列だと決まっているからです。そのため、ここで (1，7) という型に変換しているのです。

　さて、結果を見てみると、かなり似ている（0.98 以上）という結果になりました。

　ではこれはどうかな、と、最後の文だった、「ぶどうとメロンは必需品。」という文と「私は秋田犬が大好き。秋田犬は私が大好き。」の類似度を求めると、

```
>>> C=newX[9]
>>> C
array([ 0.17729441, -0.09072649, -0.20928661,  0.73785634, -0.5761692 , -0.09609122,
0.03714835])
 ...
>>> print(cosine_similarity(A.reshape(1,-1),C.reshape(1,-1)))
[[0.07283883]]
```

となり、かなり類似度が低くなりました。

　なお、cosine_similarity の第二引数を省略すると、第一引数の行列の中の用例ベクトル同士の全通りの類似度を計算して、行列として返してくれます。

```
>>> result=cosine_similarity(newX)
>>> print(result)
>>> result.shape
(10, 10)
```

となります。print(result) の結果は長いので省略しますが、同じベクトル同士の類似度は 1 になるので、行列の対角成分が 1 になっているのに注目です。また、結果の行列の型を出力すると、(10，10) になっていることが確認できます。

PyTorch による cos 類似度の実装

　このように sklearn でも書けるのですが、ディープラーニング用のモジュール、PyTorch（torch）を使って書くバージョンについても紹介しておきます。この本の後半で、PyTorch を

たくさん使うからです。torch.nn.functional というモジュールを使います。

```
>>> import torch
>>> import torch.nn.functional as F
>>> A = torch.FloatTensor(newX[0])
>>> B = torch.FloatTensor(newX[1])
>>> F.cosine_similarity(A, B, dim=0)
tensor(0.9847)
```

こちらは、reshape を行う代わりに、何次元目で cos 類似度を計算するのかということを dim（次元）（日本語では「軸」と呼ぶこともあります。）を指定することで指定します。デフォルト値は 1 です。この値は、ベクトルなどの要素の次元ではなく、多次元配列の次元を指定しています。ベクトルは 1 次元配列で、行列は 2 次元配列で実装できますが、3 次元以上の配列で表現する場合、数学的にはテンソルと呼ばれます。 PyTorch では、このテンソルを使います。

　例えば、ディープラーニングでは、バッチサイズ（用例数に相当），文長，素性数（batch_size, seq_length, input_size）の三つの数を次元数とした型のテンソルを使います。この順番は（バッチサイズ, 文長, 素性数）だったり、（文長, バッチサイズ, 素性数）だったりといろいろですが、この dim を指定することで、どの次元なのかを指定するのです。dim=0 は (x，y，z) という型だった場合の 0 番目、つまり x についての cos 類似度を計算することを指定しています。今回の例では、型は torch.Size([7]) になり、7 次元のベクトル同士なので、0 番目（ベクトル）を指定しています。

　結果は、当たり前ですが、sklean と（小数点以下何桁を表示しているかは別として）同じになっています。

　後述する word2vec などの手法で単語の分散表現を作成したら、同様の方法で cos 類似度を求めれば、意味の類似度が計算できます。

2.3 word2vec

近年のディープラーニング技術の影響を最も早く受けた自然言語処理の技術は分散表現でしょう。その立役者が word2vec（Mikolov ら, 2013）[2][3][4] です。word2vec とは、ニューラルネットワークを使って分散表現を作成する特定の技術と、その技術を使って作られた分散表現の名前です。それまでも LSA などが用いられていましたが、word2vec の登場によって、単語を密なベクトルとして扱うことが当たり前になりました。

word2vec は単語の意味を計算できる特性を備えており、その特性も注目されました。例えば、以下の計算です。

$$王 - 男 + 女 = 女王$$

$$フランス - パリ + ローマ = イタリア$$

このように、ある単語の分散表現をほかの単語の分散表現の和で表せることを、**加算構成性を持つ**と言います。word2vec は加算構成性を持っているのです。

word2vec は大規模なコーパスを用いて、ニューラルネットワークを使って構築されます。ニューラルネットワークの仕組みについてはこの章では触れず、入出力と学習のイメージだけ書いておくことにします。

word2vec には skip-gram と CBOW というふたつのアルゴリズムがあります。CBOW は continuous bag-of-words の略で、文脈（周辺語）が与えられたときにその中心にある単語を当てるように学習するアルゴリズムです。skip-gram はその逆を行います。つまり、中心にある単語が与えられたときにその文脈（周辺語）を当てるように学習していきます。そのため、

---

[2] Mikolov, T., Chen, K., Corrado, G., Dean, J.: Efficient estimation of word representations in vector space. In: Proceedings of ICLR Workshop 2013. pp. 1–12 (2013)

[3] Mikolov, T., Sutskever, I., Chen, K., Corrado, G., Dean, J.: Distributed representations of words and phrases and their compositionality. In: Proceedings of NIPS 2013. pp. 1–9 (2013)

[4] Mikolov, T., tau Yih, W., Zweig, G.: Linguistic regularities in continuous space word representations. In: Proceedings of NAACL 2013. pp. 746–751 (2013)

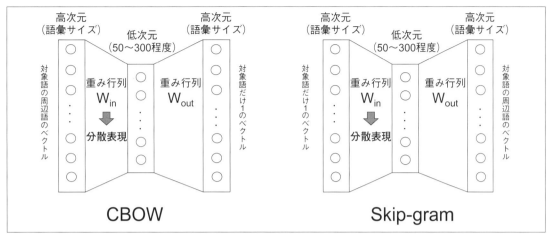

〔図 2.2〕word2vec の学習のイメージ

CBOW の場合には、ニューラルネットワークの入力は、ある単語 A の周辺の語だけが 1 である bag-of-words のベクトル（の平均）で、出力は単語 A だけが 1 である bag-of-words のベクトルです。Skip-gram だと入出力が CBOW の逆になります。いずれにせよ、これらのベクトルの次元数は語彙のサイズと等しくなり、千や万の単位になります。word2vec の学習は、これらの形式の用例を大量にニューラルネットワークに入力し、中間層で低次元（通常は 50 次元～300 次元程度）のベクトルに圧縮するイメージです（図 2.2）。入力層と中間層をつなぐパラメータ行列が word2vec になります。こうすることで、語彙レベルで単語ごとに、圧縮されたサイズの低次元ベクトルを得ることができます。

　ベクトルの次元数は、大きければ表現力を増しますが、その分学習しなければならないパラメータ数が増えてしまいますので、学習用のデータが少ないときには、小さい値にしておくといいでしょう。

gensim モジュールによる word2vec の作成

　それでは、実際に word2vec を作成してみましょう。ちゃんとした word2vec を作成するためには、大きなファイルが必要ですが、小さいファイルでも一応動かすことはできます。

word2vec を作成するモジュールは、gensim です。入力は分かち書きされたファイルになります。
1 行につき、1 文が書かれている形式にする必要があります。ファイル data.txt に書かれた
文を分かち書きし、新たなファイル wakati.txt に 1 章で紹介した janome を使って変換する
には、以下のようにします。なお、path はファイルのあるディレクトリまでのパスです。適
宜書き換えてください。

```
>>> datafile="/path/data.txt"
>>> wakatifile="/path/wakati.txt"

>>> with open(wakatifile, 'w') as f2: # ファイルを開く
  with open(datafile, 'r', encoding="utf-8") as f1:
    for line in f1:
      for token in t.tokenize(line, wakati=True):
        f2.write(token+" ")
      f2.write("\n")
```

以下が、word2vec 作成の手順です。gensim のインストールも一度で大丈夫です。word2vec
を作成するには、word2vec（小文字はじまり）と Word2Vec（大文字始まり）の両方のモジュ
ールが必要であることに注意しましょう。

また gensim は以下でインストールしておきます。

```
> pip install gensim
```

```
>>> from gensim.models import word2vec
>>> from gensim.models import Word2Vec
>>> sentences = word2vec.LineSentence(wakatifile)
>>> model = Word2Vec(sentences)
```

例えば「犬」のベクトルを表示する際には以下のようにすればできます。

```
>>> print(model['犬'])
```

```
[ 0.00483885  0.00280549  0.00354699  0.00347446
  ...
 -0.00117068  0.00305925 -0.00166586  0.00116911]
```

　このベクトルは、実行ごとに異なることに注意してください。同じコードを書いても、いつも同じ結果になるとは限りません。自動で設定されるパラメータの初期値に依存するからです。そのため、ある時に作成したベクトルと、別の時に作成したベクトルで意味の類似度を測ったり、意味の計算をしても、役に立ちません。加算構成性が成り立つのは、同じ時に作成したベクトル同士だけです。ひとつのシステム内では、必ず同じ時に作成したベクトルを利用しましょう。

　ベクトル作成のパラメータにはいろいろはあります[5]が、特に重要なものを挙げておきます。まず vector_size は、word2vec のベクトルのサイズで、デフォルト値は 100 になっています。window は、word2vec を利用する際に考慮する周辺語の単語数で、デフォルト値は 3 です。デフォルト値のままだと、左右 3 つずつの周辺語を考慮します。min_count はベクトルにする単語のコーパス中の最低出現数で、例えばこれが 5 なら、コーパス中に 4 回以下しか出てこない単語はベクトルにはなりません。デフォルト値は 5 です。この値を小さくすると、コーパス内にあまり出てこない単語についてもベクトルができますが、その性能はあまり期待できないかもしれません。sg はデフォルトでは 0 になっていますが、これを 1 にすると、word2vec 作成のアルゴリズムが CBOW ではなく skip-gram に切り替わります。skip-gram の方が CBOW より解く問題が難しいので、筆者は十分な量のコーパスがある時には skip-gram を利用するようにしています。

事前学習済みの word2vec

　なお、このようにモジュールを使ってコーパスから word2vec を作成することができるよう

---

[5] https://radimrehurek.com/gensim/models/word2vec.html

になりましたが、巨大コーパスから作られた既存の word2vec が色々と公開されています。

例えば、

```
https://github.com/WorksApplications/chiVe
```

の chiVe は株式会社ワークスアプリケーションズと国立国語研究所で作成した既存の word2vec です。訓練には、国立国語研究所の NWJC という約 1 億のウェブページのテキストを含んでいる コーパスを利用しています。日本語には、「客室乗務員」のような複合語がありますが、chiVe は「客室」「乗務」「員」などの短い単語、「客室」「乗務員」のような中くらいの長さの単語、「客室乗務員」のレベルの固有名詞の三つの粒度の単語のベクトルを提供しています。これらの単語分割は同じく株式会社ワークスアプリケーションが公開している Sudachi という形態素解析器[6]で可能です。

他にも、NWJC を利用して作成された国立国語研究所の nwjc2vec[7]、朝日新聞社の朝日新聞単語ベクトル[8]、東北大の日本語 Wikipedia エンティティベクトル[9]など、様々な日本語の word2vec が公開されています。英語では、本家 Google の事前学習モデルが

```
https://code.google.com/archive/p/word2vec/
```

にあります。

では、chiVe をダウンロードして、使ってみましょう。

```
>>> from gensim.models import KeyedVectors
```

---

[6] https://github.com/WorksApplications/Sudachi
[7] https://www.gsk.or.jp/catalog/gsk2020-d/
[8] https://cl.asahi.com/api_data/wordembedding.html
[9] http://www.cl.ecei.tohoku.ac.jp/ m-suzuki/jawiki vector/

```
>>> model = KeyedVectors.load('/path/chive-1.1-mc5-aunit.kv')
```

このようにすると、path 以下にあるモデルを読み込むことができます。

```
>>> model.similarity('葡萄','メロン')
0.50058043
```

このようにすると、二つの単語の cos 類似度を計算してくれます。

```
>>> len(model.vocab)
322094
```

こうすると、語彙数を出力できます。322094 の語彙が提供されていることが分かりました。

```
>>> model.most_similar('葡萄', topn=5)
[('巨峰', 0.7232000231742859),
 ('果実', 0.6389086842536926),
 ('桜ん坊', 0.6240197420120239),
 ('シャルドネ', 0.618291437625885),
 ('ワイン', 0.6176700592041016)]
```

このようにすると、cos 類似度を利用して、与えらえた単語のトップ K 個（K は指定できる）の似た単語が出力できます。「葡萄」に最も似ている単語は「巨峰」のようです。

　また、以下のようにすると、日本にとっての東京が何にとってのパリなのか分かります。

```
>>> model.most_similar(positive=['日本','パリ'],
                       negative=['東京'],topn=3)
[('フランス', 0.7061623930931091),
 ('ヨーロッパ', 0.6266435980796814),
 ('ロッパ', 0.5813023447990417)]
```

フランスという結果が出ました。これは正解です。他にも、筆者の研究室の学生たちが入力し

ていた例で、未来＋困難−夢を計算してみました。

```
>>> model.most_similar(positive=['未来','困難'],
                        negative=['夢'],topn=3)
[('現状', 0.4859773516654968),
 ('容易', 0.4727995991706848),
 ('状況', 0.4699303209781647)]
```

「現状」が答えとなるようです。すべての意味の計算が正確にできるわけではないのですが、このようになかなか面白い結果が得られることがあります。

2.4　doc2vec

word2vec は画期的な技術でしたが、ひとつの単語につきひとつのベクトルを作成するものです。文書分類に使うためには、文書ごとにひとつのベクトルにする必要があります。そのため、文書分類システムの入力としてそのまま使うことはできず、例えば文書中に出てくる単語の分の単語ベクトルを平均するなどの工夫が必要になります。一方、word2vec の技術を応用して、文書そのものをひとつのベクトルとして表す技術も開発されました。それが doc2vec（Leら, 2014)[10] です。

doc2vec にも、word2vec の CBOW と skip-gram のようにふたつのアルゴリズムがあります。CBOW に似ている PV-DM と、skip-gram に似ている PV-DBOW です。

PV-DM

CBOW では、word2vec の学習に利用したネットワークの入力は、予測したい単語の周辺語のベクトルで、出力はその単語のベクトルでした（図 2.2 参照）。PV-DM では、そのネットワークに入力として文書を追加することを考えます。文書なので、単語とはちがうものなのです

---

[10] Quoc V. Le, Tomas Mikolov, Distributed Representations of Sentences and Documents, Proceedings of the 31st International Conference on Machine Learning, pp.1188–1196, (2014).

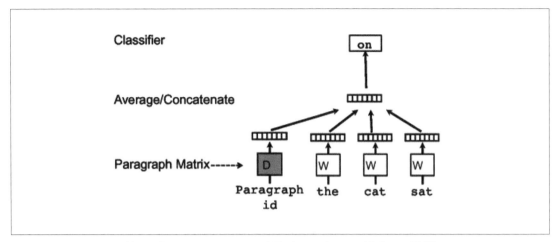

〔図2.3〕PV-DM のイメージ図（オリジナルの論文より引用）

が、入力する形式は全く単語と同じようにしますので、新しい特別な単語が、訓練用に持っている文書の数の分だけ入力に付け加わったとイメージしてみるといいでしょう（図2.3 参照。オリジナルの論文より引用）。なお、学習に際して、文書ごとに ID を振っておきます。最後は、文書 ID ごとにベクトルが欲しいからです。

　ニューラルネットワークの学習時、文書以外の単語はこれまで通り予測対象の単語の周辺にその単語があった時だけ1にします。それに対して、新しい特別な単語（文書に相当）は、予測対象の単語がその文書内にあったときだけ1にするようにします。予測対象の単語がその文書のどこに出てくるかは気にしません。なお、対照的に、文書以外の単語は、どんな文書に出て来ようが、周辺語でありさえすれば1になっています。このように学習すると、単語のベクトルと共に、文書のベクトルを作成することができます。

　また、PV-DM では、CBOW とは異なり、語順を考慮して単語を予測します。そのため、CBOW では予測対象の単語が文脈（周辺語）の中心にありますが、PV-DM では、「周辺語」として入力が1になるのは、予測したい単語より先に出てきた単語だけです。また、ネットワークで圧縮する際に、PV-DM では、周辺語のベクトルの平均を使う場合と、連結を使う場合があります。連結を使う場合には、その周辺語内の順番も考慮したモデルになっています。

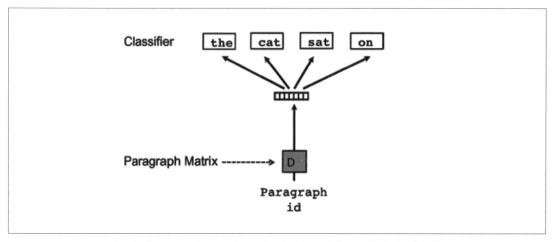

〔図 2.4〕PV-DBOW のイメージ図（オリジナルの論文より引用）

PV-DBOW

　これに対して、skip-gram に似た手法である PV-DBOW では、語順を考慮しません。skip-gram では、word2vec を学習するネットワークの入力は単語で、出力はその単語の周辺語でした。PV-DBOW では、入力が単語の代わりに文書になります。この時も文書には ID をふっておきます。PV-DBOW は、文書が与えられたときに、その中に出てくる単語を予測するネットワークを学習して、文書ベクトルを作ります（図 2.4 参照。オリジナルの論文より引用）。

　なお、PV-DM でも PV-DBOW でも、「単語が、ある文書に出てくるときに 1」にする代わりに、「ある段落に出てくるときに 1」にしたり、「ある文に出てくるときに 1」にするようにすれば、文書ベクトルではなくて、段落ベクトルや文ベクトルといったものも求めることができるようになります。

gensim モジュールによる doc2vec の作成

　doc2vec のモジュールも gensim から提供されています。

```
>>> from gensim.models.doc2vec import TaggedDocument
```

```
>>> with open('/path/wakati_doc.txt') as f:
  docs = [TaggedDocument(words=data.split(), tags=[i]) for i, data in enumerate(f)]
```

このようにすると、文書に ID を振ってくれます。wakati_doc.txt は 1 行につきひとつの文書を、分かち書きをして格納してあるファイルです。

doc2vec 作成は以下のようにします。

```
>>> from gensim.models.doc2vec import Doc2Vec
>>> model = Doc2Vec(docs)
```

doc2vec 作成時のパラメータは word2vec の作成とほぼ同じです [11]。ただし、アルゴリズムは CBOW や skip-gram ではないので sg はなく、かわりに dm があります。デフォルトは 1 で、PV-DM になっています。論文には、PV-DBOW より PV-DM の方が性能がいいけれども両方使うと多くのタスクでもっと良かったと書かれています。

モデルの保存と読み込みは以下です。

```
>>> model.save('mymodel.model')  # モデルの保存
>>> model=Doc2Vec.load('mymodel.model')  # 読み込み
```

```
>>> model.docvecs[0]
```

のようにすれば、ID が 0 の文書のベクトルが得られます。word2vec 同様、

```
>>> model.docvecs.most_similar(0,topn=2)
[(19, 0.3125593364238739), (13, 0.26514101028442383)]
```

---

[11] https://radimrehurek.com/gensim/models/doc2vec.html

のようにすれば、top K (K は指定する) の類似した文書の ID が得られます。上の例では、0 番目の文書に一番良く似ている文書は 19 番の文書で、次が 13 番目の文書です。

　また、以下のようにすれば、新しい文書に対する、今のモデルのベクトルが推論できますので、新しい文書に対しても利用可能です。

```
>>> newdoc = ['私', 'は', '秋田', '犬', 'が', '大好き', '。' ]
>>> model.infer_vector(newdoc)
```

　word2vec もそうですが、doc2vec を作成するには大きなコーパスが必要です。小さいコーパスを使っても動きますが、その精度はあまり高くならないようです。筆者は試していませんが、2021 年 12 月現在、英語でも日本語でも、事前学習された doc2vec が公開されているようですので、大きなコーパスがない時には利用するといいと思います。

第3章

分類問題

３．１ 分類問題とは

　１章と２章では、文書分類というタスクにおいて、文書をどのようにコンピュータ上に表現するかについて説明しました。本章では、そうやってコンピュータ上に表現した文書を、どのように分類するのかということについて説明します。

　文書分類は、**分類問題**という問題の仲間に属します。自然言語処理に限らず、現在の人工知能の研究では、**機械学習**を使って問題を解決するのが一般的ですが、機械学習で解ける問題は基本的に、**分類**と**回帰**のふたつです。このうち分類というのは、何かをグループに分ける処理で、回帰というのは、何かの大小に意味のある数値（株価など）を予測する処理です。もっと正確にいうと、間隔尺度という、順序だけでなく間隔にも意味がある数字か、さらに比率にも意味がある数字である、比尺度の数を予測するのが回帰です。ベクトル空間モデルを利用する場合のイメージ図 3.1 に示します。

　ベクトル空間モデルを利用した場合、文書などのアイテムは多次元空間の点として表すことができます。仮に、素性が二つしかなかった場合を想像してみると、文書などのアイテムは二次元空間上の点になります。大半の分類アルゴリズムは、ここに線を引くことで、二つのクラスを分類します。その分類のための線を決定境界といい、その線を表す関数を決定関数といいます。これは数式で表現できるので、その数式を学習で求めるのです。

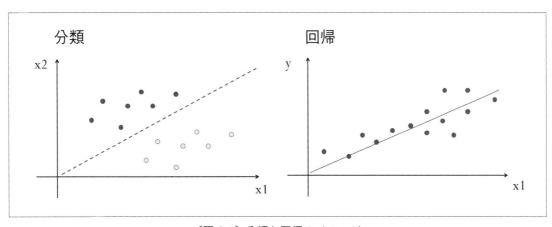

〔図 3.1〕分類と回帰のイメージ

　それに対して回帰では、値そのものを予測するので、二次元空間上の点（つまり用例に相当）をつないだような線を求めようとします。その線が見つかれば、新しい入力が得られた際に、値の予測ができるからです。この線は直線でも曲線でもよく、直線なら回帰直線、曲線なら回帰曲線と呼びます。この線も数式で表現できますから、回帰ではその数式を学習で求めます。なお、文書分類はもちろん分類の方に属します。

　さらに分類は、分ける対象のクラスが分かっているかどうかで解き方が異なります。このうち、分かっているときの問題を、特に分類問題と呼ぶことがあります。つまり例えば、ニュースを「政治記事」と「経済記事」と「芸能ニュース」に分けたいときなどは分類問題になります。これに対して、ただ記事をグループ化したいだけで、どんなグループがあるのか分かっていないときには、**クラスタリング**を行って問題を解きます。クラスタリングで解ける問題も「分類」に含まれるのですが、解き方を強調したいときにはわざわざ用語を区別することがあるので、注意してください。

　実は、自然言語処理の扱うタスクの大部分が、（クラスタリングではなく、）分類問題として解くことができます。例えば、Twitter から意見を抽出するにしても、「この単語は抽出すべき『意見』に含まれているか否か」という分類問題を連続的に解けばいいですし、文の生成にしても、「次に来る単語は何か」という非常に多クラスの分類問題の連続で解くことができます。文書を分類する文書分類は、シンプルな分類問題として定式化できるため、分類問題の代表的なものです。そのため、自然言語処理を学ぶのに適している題材だと言えるでしょう。

3.2　分類問題と教師あり学習

　前の節で、現在の人工知能の研究では機械学習を使って問題を解決するのが一般的だと書きました。その機械学習は、教師あり学習、教師なし学習、強化学習の三種類に大別できます。**教師あり学習**というのは、教師値つきデータ、つまり正解付きの問題集をコンピュータに与えて学習を行う学習方法を指します。**教師なし学習**とは、教師値なしデータを使って学習を行う学習です。大抵は辞書などの外部のリソースを利用します。また、**強化学習**は正解を与える代

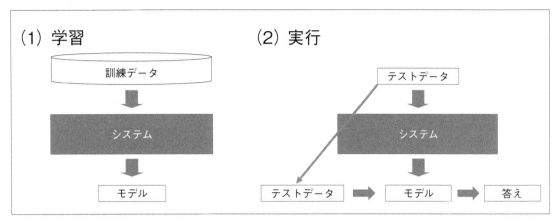

〔図3.2〕教師あり学習のイメージ

わりに、コンピュータがとった選択について、正解に近づく場合には報酬を与えるという、教師あり学習より距離のある答えの与え方をする学習方法です。

　自然言語処理では、大半において教師あり学習が使われています。この頃は教師なし学習も利用されるようになりましたが、強化学習に至っては今のところほとんど使われていないのが現状です。（強化学習はコンピュータ将棋などのゲーム情報学でよく使われています。）

　先ほど、分類は解き方で分類問題とクラスタリングに分けられると書きました。分類問題は分ける対象が分かっているので、教師あり学習で解けますが、クラスタリングは教師値を用いないので、教師なし学習に含まれます。

教師あり学習と汎用性

　教師あり学習は、学習と推論[1]の二段階に分けられます（図3.2）。まず、学習フェーズでは、**訓練データ（training data[2]）** を入力として、機械学習を行うことでモデルを作成します。また、**モデル**とは、「こういう入力のときにはこうする」というルールの集合です。機械学習では、数理的なモデルを自動的に作成します。

---

[1] 実行、またはテストとも言います。
[2] 訓練事例、学習データなどほかの呼び方もあります。

　次に、推論フェーズでは、**テストデータ**（**test data**[3]）をシステムに入力します。するとシステムはテスト事例にモデルを適用し、ルールにしたがって答えが得られます。

　ここで強調しておきたいのは、機械学習の目的が訓練データにある問題を完璧に解けるようにすることではない、ということです。コンピュータは記憶が得意なので、すでに答えを知っている問題なら、問題と答えを丸暗記しておいて回答することは比較的簡単にできます。しかし、コンピュータに「この問題とこの問題は根っこが同じだな」とか、「応用で解けるな」ということを理解させるのはとても難しく、少しでも違う問題になると、丸暗記では歯が立たないのです。そのため、機械学習ではこのような、「問題集（訓練データ）に載っていないけれど似ている問題」を解けるようにしなければなりません。そのためには問題集に載っている変わった問題の正解率が多少下がっても、一般的な問題を解けるようにすることの方を優先すべきでしょう。このように、訓練データに載っている問題だけではなく、いろいろな問題を解く能力のことを**汎用性**と言います。システムの問題を正解する能力のことは性能と言います。機械学習では、性能をあげるだけでなく、汎用性をもったシステムを作成することを究極の目的としているのです。

　実はこの両方をあげるのは難しい問題です。訓練データだけに特化して性能をあげるように学習すると、汎用性が下がることがあります。このような状態のことを**過学習**と言います。これに対して、逆に学習が足りずに性能が悪い状態のことを**未学習**と言います。機械学習では、過学習と未学習を避け、ちょうどよい学習を行う必要があります。

　そこで重要になってくるのがハイパーパラメータのチューニングです。ハイパーパラメータとは、人手で決めるパラメータのことです。Support Vector Machine のソフトマージンの定数や、ディープラーニングの際のエポック数など、機械学習ではまだ人手で調節しなければならないパラメータがあります。これらを適切な値にすることで、過学習と未学習をできるだけ防ぎます。そのために使われるデータセットを**開発データ**（**development data**）と言います。訓練デ

---

[3] テスト事例、検証データなどほかの呼び方もあります。

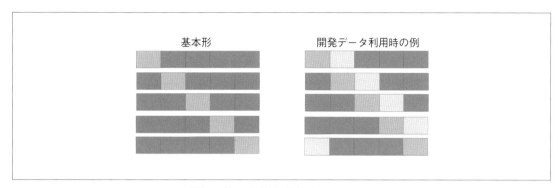

〔図 3.3〕五分割交差検定のイメージ

ータで学習して、開発データで評価を行ったうえでハイパーパラメータを決定し、そのハイパーパラメータを利用して作成したモデルを、最終的にテストデータで評価してシステムの優劣を見極めるのが一般的です。

交差検定

　また、データがあまりない時には、**交差検定（cross validation）** を行います。五分割交差検定の例を図 3.3 に示します。五分割交差検定では、1/5 のデータをテストデータにして、残りの 4/5 データを訓練データにして評価するのを 5 回繰り返します。これが基本形です。開発データを使う場合には、4/5 のデータをすべて訓練データに使うのではなく、その一部を開発データに利用するといいでしょう。図 3.3 には、全体の 1/5 を開発データにして、全体の 3/5 を訓練データにした場合の例を示しました。

　データ分割に関しては、sklearn.model_selection.train_test_split モジュールが使えます。

```
>>> from sklearn.model_selection import train_test_split
>>> X_train, X_test, y_train, y_test =
    train_test_split(X, y, test_size=0.25, random_state=42)
```

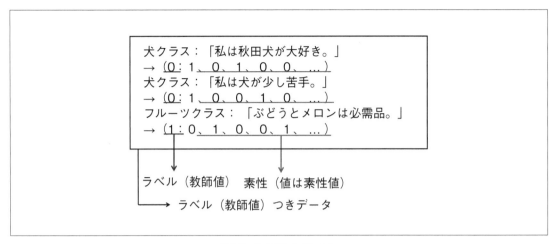

〔図 3.4〕素性とラベル

このようにすると、25% をテストデータに、残りの 75% を訓練データにランダムに分割してくれます。なお、モジュールの入力は X は素性ベクトルのリスト（用例数×素性数の行列）、y はラベルのリストです[4]。ラベルとは、機械学習の専門用語で、分類問題におけるクラスの名前のことです。0 や 1 などの数値に直したものだけではなく、もともとのクラス（「犬クラス」など）もラベルと呼ぶことがあります。訓練データ、テストデータ、開発データは、素性とラベルのセットになります（図 3.4 参照）。訓練データのラベルは学習フェーズでモデルの学習に使われますが、開発データとテストデータのラベルは、答え合わせに使われるだけです。上記の例では、素性ベクトルのリストを学習用 X_train と X_test に分割し、ラベルのリストを学習用 y_train と y_test に分割しています。

　なお、学習時には持っていなかったコーパスをテストに使いたいときには、学習用の用例ベクトルと同じベクトル空間上に用例を表す必要があります。これを実行する関数が、Bag-of-words や TF-IDF のときに出てきた vectorizer.transform です。また、word2vec を素性に使うときにも、学習用の用例ベクトルを作った時の word2vec を利用しましょう。

---

[4] 慣用的に、素性のベクトルは X で、ラベルを含め教師値は y で表します。

ディープラーニング以前の分類アルゴリズム

　分類問題を解くシステムのことを**分類器**（**classifier**）と言います。この分類器を作るアルゴリズムを分類アルゴリズムと呼びます。本書ではこの後、いくつかの有名な分類アルゴリズムについて説明します。本章では、まずディープラーニング以前の手法について述べます。

　ディープラーニングが非常に高性能なので、他の手法はあまり役に立たないのでは？と思う読者の方がもしかしたらいるかもしれませんが、それは違います。古くからある手法にはその手法なりの良さがあります。

　例えば、古典的手法は比較的単純にできているので、「なぜそうなるのか」が直観的に理解しやすいです。それはクライアントに対して説明しやすく、分かってもらいやすいことを意味します。また、昔はデータがあまり手に入らなかったので、古典的手法にはデータ量が少なくてもそこそこの性能が得られるものが多いです。例えば、今人気の BERT というモデルではチューニング対象のパラメータが億単位になります。パラメータの数が増えれば、それをチューニングするのに必要なデータ数が増えるのも自然です[5]。また、コンピュータが速度で劣るときに発明された手法は、計算量も少なくて済むものが多いです。

　研究の世界ではたしかに論文に新規性が求められるので、研究者は最先端のモデルばかり選択しがちですが、実世界では「分かりやすいこと」「データが少なくてもそこそこの性能が出ること」「結果が早く出ること」は重要です。最新モデルも非常に心惹かれるものですが、この時代まで生き延びてきた古典的手法は十分に学ぶ価値があるものでしょう。

3.3　Naive Bayes

　分類アルゴリズムのうち、最も古典的で最も単純なもののひとつが、**Naive Bayes**（単純ベイズ）です。機械学習というよりも、統計を利用した手法です。ベイズの定理を利用した単純な計算でできるもので、比較的少量のデータでも計算できます。

---

[5] BERT は fine-tuning を使うことで少ないデータ数でもチューニングが可能です。

Naive Bayes の定式化

ベイズの定理とは、以下の式です。

$$P(X)P(Y|X) = P(Y)P(X|Y) \quad \cdots\cdots \text{(3-1)}$$

これは、Xが起こってからYが起こっても、Yが起こってからXが起こっても、XとYが起こることは変わらないのでその確率は変わらない、という風に直観的に理解することができます。

ここで、文書を d とおき、i 番目の単語を w_i、分類先のクラスを C と置くと、ある文書 $d = w_1 \cdots w_n$ がクラス C に属する確率は、d を条件とした条件付確率、

$$P(C|d) = P(C|w_1 \cdots w_n) \quad \cdots\cdots \text{(3-2)}$$

で表せます。Naive Bayes では、この確率の最も大きいクラスに d を分類すれば、文書を分類できると考えます。

ベイズの定理から、

$$P(d)P(C|d) = P(C)P(d|C) \quad \cdots\cdots \text{(3-3)}$$

つまりは

$$P(C|d) = \frac{P(C)P(d|C)}{P(d)} \quad \cdots\cdots \text{(3-4)}$$

が言えます。ここで、$P(d)$ は文書 d が発生する確率なので、文書がどんなクラスに分類されても変わりません。つまり、クラスを選ぶときの確率の、大小関係はこの $P(d)$ に影響されません。そのため、クラスを選ぶ時には定数として見なせます。その結果、

$$P(C|d) \propto P(C)P(d|C) = P(C)P(w_1 \cdots w_n|C) \quad \cdots\cdots \text{(3-5)}$$

が言えます。なお、∝ は比例する、と読みます。

　このうち $P(C)$ は事前確率と呼ばれ、訓練データを持っていれば簡単に計算することができます。例えば、音楽とスポーツの文書を分けたい場合に音楽を 300 文書、スポーツを 200 文書持っていたら、音楽になる事前確率は

$$P(音楽) = \frac{300}{300 + 200} = 0.6 \quad \cdots\cdots\cdots\cdots\cdots\cdots\cdots\cdots\cdots\cdots\cdots\cdots\cdots\cdots\cdots\cdots\cdots\cdots \quad (3\text{-}6)$$

で、スポーツになる事前確率は 0.4 になります。

　次に $P(d|C) = P(w_1 \cdots w_n|C)$ ですが、ここは尤度と呼ばれる部分です。（$P(C|d)$ は事後確率と呼ばれます。）尤度は「クラス C が与えられたときに単語列 $w_1 \cdots w_n$ で成り立った文書 d が出現する確率」であり、このままでは計算できません。そのため、「i 番目の単語 w_i が出現する確率はほかの単語が出てきても関係ない」、つまり「すべての単語が独立に出現する」と仮定して、以下のように変形します。

$$P(w_1 \cdots w_n|C) = \prod_{i=1}^{n} P(w_i|C) \quad \cdots\cdots\cdots\cdots\cdots\cdots\cdots\cdots\cdots\cdots\cdots\cdots\cdots\cdots \quad (3\text{-}7)$$

これで、

$$P(C|d) \propto P(C) \prod_{i=1}^{n} P(w_i|C) \quad \cdots\cdots\cdots\cdots\cdots\cdots\cdots\cdots\cdots\cdots\cdots\cdots\cdots\cdots \quad (3\text{-}8)$$

が成り立ちました。$P(w_i|C)$ なら、クラス C に単語 w_i が出現する確率なので、訓練データから計算できます。クラス C に属する文書全部の全単語数分の、クラス C の文書中の単語 w_i の出現回数を求めればいいのです。

　コンピュータ上で確率の掛け算をし続けると、1 よりも小さい値を掛け合わせ続けることになり、アンダーフローしてしまうため、実際には全体の対数を取って、

$$P(C|d) \propto \log P(C) + \sum_{i=1}^{n} \log P(w_i|C) \quad \cdots\cdots\cdots\cdots\cdots\cdots\cdots\cdots\cdots\cdots\cdots\cdots\cdots\cdots \text{(3-9)}$$

で表します。Naive Bayes はこの値をクラスごとに計算して、最大の値を持つクラスに文書を分類します。

スムージング

　推論に際しては、まだ問題が残っています。訓練データにない、新しい文書のクラスを推論する際、訓練データ中に出てこなかった単語があると困るのです。式（3-8）において、$P(w_{new}|C) = 0$ を掛け合わせるとそのクラスに属する確率がいきなり 0 になってしまいます。訓練データに絶対にない単語が出てきたら、その計算でいいかもしれませんが、訓練データがあまり大きくないときには、たまたま訓練データに出てこなかった単語、というものが存在します。そのうえ、時代がかわれば、新しい技術、新しい芸能人など新しい単語がたくさん出てきます。これらについて、ひとつでも出てきたらもう計算できなくなってしまうのでは困ってしまいます。この問題を**ゼロ頻度問題**と言います。

　ゼロ頻度問題を緩和する方法が、**スムージング**です。最も基本的なスムージングは、**加算スムージング**といい、以下の式で表せます。

$$P(w_i) = \frac{C(w_i) + \alpha}{N + \alpha V} \quad \cdots\cdots\cdots\cdots\cdots\cdots\cdots\cdots\cdots\cdots\cdots\cdots\cdots\cdots\cdots\cdots\cdots \text{(3-10)}$$

$$P(w_i|C) = \frac{C(w_i|C) + \alpha}{N_c + \alpha V} \quad \cdots\cdots\cdots\cdots\cdots\cdots\cdots\cdots\cdots\cdots\cdots\cdots\cdots\cdots\cdots \text{(3-11)}$$

ここで、$C(w_i)$ は単語 w_i の出現頻度、$C(w_i|C)$ は単語 w_i のクラス C の文書中の出現頻度、N は全単語数（出現数）で、N_c はクラス C の文書の全単語数（出現数）、V は語彙数です。全て

の単語が実際よりごく少ない回数（α回）出てきたと考えて、すべての単語にαを追加した式になります。このとき、分母の方も、その分増えることに注意してください。αが1のときと0.5のときには、それぞれラプラス法とジェフリー・パークス法という特別な名前があります。

　また、単純グッド・チューリング法は、以下の式で表せます。これは、文中に r 回出てきた単語を r^* 回に補正して使用する手法です。

$$r^* = (r+1)\frac{N_{r+1}}{N_r} \quad \text{..} \quad (3\text{-}12)$$

なお、N_r は，コーパス中で r 回出てきた単語の数です。たとえば文中で3回でてきた単語は、

$$4 \times \frac{\text{コーパス中に4回出てきた単語のタイプ数}}{\text{コーパス中に3回出てきた単語のタイプ数}} \quad \text{..} \quad (3\text{-}13)$$

に補正されます。このようにすれば確率はゼロになることはないので、ゼロ頻度問題が回避できることが分かります。

Amazon データセット（cls-acl10）

　さて、それでは sklearn の naive_bayes モジュールを使って Naive Bayes を動かしてみましょう。データには公開されている Amazon のレビューのデータセット（Webis Cross-Lingual Sentiment Dataset 2010）を使います。

https://zenodo.org/record/3251672#.YUm9fLj7QdU

から入手できるもののうち、cls-acl10-processed というデータです。processed というのは前処理済みということです。これを使えば、前処理が済んだデータを使うことができます。

　tar.gz ファイルをダウンロードして展開してみると、以下のようになっています。

　　ここで、de はドイツ語、en は英語、fr はフランス語、jp は日本語を指します。今回は日本語の本のデータを使うので、jp/books/train.processed を訓練データに、jp/books/test.processed をテストデータに使います。中を見てみると、両方とも以下の形式になっています。

```
は:13 が:13 に:11 ... しまい:1 しまう:1 #label#:positive
```

　このデータは、1 行がひとつの文書に対応します。またこの例では、文書中には「は」が 13 回、「が」も 13 回、「に」が 11 回 ...「しまい」が 1 回、「しまう」が 1 回出現しています。例にあるように、単語は出現回数による降順で表示されています。また、最後の #label#:positive は、正解ラベルが positive であることを示しています。ラベルは、positive と negative、つまり肯定的と否定的の二種類です。このことから、このデータがレビューを肯定 / 否定に分けるタスク、評判分析のデータであることが分かります。test.processed にも正解ラベルが書かれ

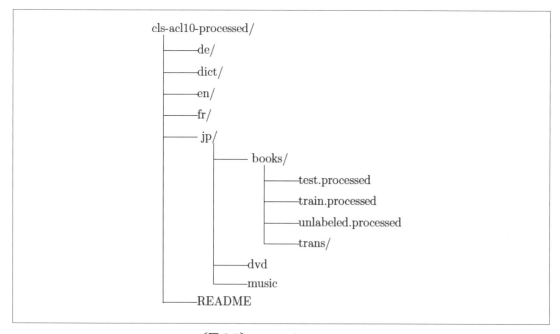

〔図 3.5〕cls-acl10-processed

ていますが、これは性能評価のために使います。

　Naive Bayes ではスムージングの α など、ハイパーパラメータがありますが、今回は簡単のため、開発データは使わないことにします。ハイパーパラメータのチューニングをする際には、訓練データの一部を使うとよいでしょう。

　Naive Bayes のモジュールには、今回は sklearn.naive_bayes の BernoulliNB[6] を利用します。ベルヌーイ過程をもとにした Naive Bayes のモデルなので、バイナリかブーリアンの二値分類に適しています。なお、先ほど説明した式は、多クラス分類に対応した MultinomialNB[7] のものです。三つ以上のクラスに分類する場合にはこちらを使ってください。また、ダウンロードした前処理済みのデータは肯定/否定の二つのクラスのデータセットですが、前処理なしのデータは Amazon レビューの星の数を推定するデータなので、多クラスの分類です。MultinomialNB は後で出てきます。

　前処理済みのデータでは、CountVectorizer は使えないので、ここから用例ベクトルを作成します。まず、訓練データのファイルを読み込んで、素性のインデックス辞書 feats とラベルのインデックス辞書 labels を返す関数が以下の Make dict です。

```
>>> def Make_dict(file):
  feats, labels = {}, {}
  findex, lindex= 0, 0
  with open(file, encoding='utf-8') as f:
    for line in f:
      list=line.split(' ')
      for item in list:
        word, right = item.split(":")
        #素性の処理
        if (word not in feats) and (word != "#label#"):
          feats[word]=findex
          findex+=1
        elif word == "#label#": # ラベルの処理
          right=right.replace('\n', '')
          if right not in labels:
```

---

[6] https://scikit-learn.org/stable/modules/generated/sklearn.naive_bayes.BernoulliNB.html

[7] https://scikit-learn.org/stable/modules/generated/sklearn.naive_bayes.MultinomialNB.html

```
            labels[right] = lindex
            lindex+=1
    return feats, labels
```

　以下のようにすると、ファイル path/train.processed から素性とラベルのインデックス辞書を作ってくれます。それぞれ、features と labels がその辞書です。

```
>>> features, labels = Make_dict('path/train.processed')
```

　ここで、少し中身を見てみます。

```
>>> type(features)
dict
>>> len(features)
19983
>>> labels
{'positive': 0, 'negative': 1}
```

　features は、キーが単語で値がインデックス番号の辞書になっています。素性数は全部で 19983 です。また、labels は positive が 0、negative が 1 の辞書型になっています。これで辞書ができたので、それをもとに用例ベクトルを作成します。ファイルと、素性辞書とラベルの辞書を引数にとり、用例ベクトルのリストと、それに対応する答えのリストを返す関数が以下の Make_sample_vectors です。

```
>>> def Make_sample_vectors(file, feats, label_dict):
  samples, label_list =[], []
  with open(file, encoding='utf-8') as f:
    for line in f:
      list=line.split(' ')
      asample = [0] * len(feats)
      for item in list:
        word, right = item.split(":")
        if word == "#label#": # ラベルの処理
```

```
            label_list.append(int(label_dict[right.replace('\n', '')]))
        else:    # 素性の処理
          if word in feats:
            asample[feats[word]]=int(right)
      samples.append(asample)
  return samples, label_list
```

　以下のように呼び出して、訓練データとテストデータの用例ベクトルとラベルのリストを作ります。

```
>>> train_X, train_y = Make_sample_vectors('path/train.processed', features, labels)
```

```
>>> test_X, test_y = Make_sample_vectors('path/test.processed', features, labels)
```

　ここでまた中身を見てみます。

```
>>> type(train_X)
<class 'list'>
>>> len(train_X)
2000
>>> type(train_y)
<class 'list'>
>>> len(train_y)
2000
>>> type(train_X[0])
<class 'list'>
>>> type(train_X[0])
19983
```

用例ベクトルのリストは数のリスト（ベクトル）のリスト、ラベルのリストは数のリスト（ベクトル）です。ひとつの用例ベクトルには、素性辞書のインデックス順に出現回数が並んでいます。また、ラベルのリストにはラベルである0と1が用例の数分並んでいます。用例ベクトルのリストも、ラベルのリストも2000用例ありますが、ひとつめの用例ベクトルの答えが、

ひとつめのラベルに対応しています。モジュールの入力のためにはこのように対応付ける必要があるので、気を付けてください。

naive_bayes モジュールによる Naive Bayes

それでは、Naive Bayes を使ってみましょう。これは以下のようにするだけです。

```
>>> from sklearn.naive_bayes import BernoulliNB
>>> cl = BernoulliNB()
>>> cl.fit(train_X, train_y)
BernoulliNB()
```

まず、モジュールをインポートしてから、cl という分類器を作成します。それから、分類器を訓練データで訓練しています。これで学習フェーズは終わりです。テストフェーズも1行で書けます。以下は、テストデータの用例ベクトルのリストと、それに対応するラベルのリストを入れて正解率を求めるコードです。

```
>>> cl.score(test_X, test_y)
0.7485
```

75% 弱の正解率が出ました。

また、加算スムージングの α を指定することもできます。0.5 に指定するには以下のようにすればいいだけです。なお、デフォルト値は1になっています。

```
>>> cl = BernoulliNB(alpha=0.5)
```

あとは同じなので省略しますが、結果は 0.7565 になりました。α は1より 0.5 のほうが、このデータではわずかに良いようです。

　最後に、前処理のプログラムは長くなるので示しませんが、cls-acl10-processed の代わりに

cls-acl10-unprocessed のデータを使って `MultinomialNB` で実行してみました。前述したとおり、こちらは星の数を当てる多クラス分類です。興味のある方は、出版社の HP から公開しているプログラムの方に前処理と共に示したのでご覧ください。

```
>>> from sklearn.naive_bayes import MultinomialNB
>>> cl =  MultinomialNB()
>>> cl.fit(train_X, train_y)
>>> cl.score(test_X, test_y)
0.4912456228114057
```

70% 台から 40% 台に正解率が落ちたので、ずいぶん性能が悪くなったなと思われる方がもしかしたらいるかもしれませんが、0 なのか 1 なのかを当てるより、1 なのか 2 なのか ...5 なのかを当てるほうが難しいのは当たり前です。実はこのデータは星が 3 のレビューがないので、4 クラスへの分類になります。データがどれも同数だったと考えると、2 クラスの分類ではあてずっぽうで 50% ですが、4 クラスのデータだとあてずっぽうで 25% になります。

実際はクラスごとのデータの数が異なっています。最も多い星 5 のデータの割合が 34.35% です。それを考えれば、悪くない数字です。本書の後半に出てくる BERT の fine-tuning という手法で同様のデータを分けると、53% 程度になりました。2018 年の秋に発表された BERT でもこの程度ですから、何十年も前からある Naive Bayes が 49% 程度の性能を出すのは、優秀と言えるのではないでしょうか。

3.4　文書分類の評価

ここで、文書分類の評価の指標について説明しておきます。最も一般的な指標が、Naive Bayes のモジュールの結果にも使った**正解率（accuracy）**です。これは以下の式で計算できます。

$$\text{正解率} = \frac{\text{正解数}}{\text{問題数}} \quad\text{..}\quad (3\text{-}14)$$

例えば 100 件のデータのうち 90 件が正解すれば、正解率は 90% です。大半はこの正解率で評価できますが、目的によっては別の指標を見る必要があります。

　例えば、スパムメールかどうかを分類するシステムを考えてみます。その場合、正解と言っても、「スパムメールをスパムメールと正しく判定する」場合と、「スパムメールではないメールをスパムメールではないと正しく判定する」場合の二通りがあります。また同様に、不正解の時も「スパムメールではないメールをスパムメールだと誤って判定する」場合と「スパムメールをスパムメールではないと誤って判定する」の二通りがあります。正解率で評価すると、この違いを考慮できないのです。

　こういう時に利用する指標が、精度、再現率、F 値です。これらの指標を説明するために、ここで TP、TN、FP、FN という四つの概念を紹介します（図 3.6）。

　先ほどの例で「スパムメールであること」を当てることに焦点を当てて考えると、「本当にスパムメールである」ことは TP（True Positive）となり、「本当にスパムメールではない」のは TN（True Negative）になります。また、「本当はスパムメールではないのに誤ってスパムメールと判定された」のが FP（False Positive）、「本当はスパムメールなのに誤ってスパムメールではないと判定された」のが FN（False Negative）となります。なお、この P と N は評判分析のポジティブとネガティブの肯定的 / 否定的という意味ではなく、「スパムである」「スパムで

	予測値	
	成り立つ（positive）	成り立たない（negative）
実際の値　成り立つ	True Positive	False Negative
実際の値　成り立たない	False Positive	True Negative

〔図 3.6〕TP、TN、FP、FN

はない」のように事象が成り立つかどうかを示しており、別のものであることに注意してください。

このとき、正解率は以下の式で計算できます。

$$accuracy = \frac{TP + TN}{TP + FN + FP + TN}$$ ……………………………………… (3-15)

精度（**precision**）[8] は、システムが出力した数で正解数を割ったものです。以下の式で計算できます。

$$precision = \frac{TP}{TP + FP}$$ ……………………………………… (3-16)

再現率（**recall**）は、本当の答えの数（Positive の数）で正解数を割ったものです。以下の式で計算できます。

$$recall = \frac{TP}{TP + FN}$$ ……………………………………… (3-17)

スパムの例だと「本当にスパムメールである」数を「本来のスパムの数」、つまり「本当にスパムメールである数＋本当はスパムメールなのに誤ってスパムメールではないと判定された数」で割った数になります。

　一般に、精度と再現率は片方を上げるともう片方が下がる関係にあります。たとえば、「すべてをスパムだと判定する」システムを作れば、再現率は必ず 100% になりますが、精度が著しく下がるでしょう。逆に、精度を上げるためにスパムだと判定する基準を厳しくすると、スパムメールを誤ってスパムメールではないと判定する可能性が上がりますので、再現率が下が

---

[8] 適合率とも呼びます。

りがちです。両方の値をバランスよく考慮して評価するために、精度と再現率の調和平均を取った値、**F値（F measure）** を使うことがよくあります。F値は以下の式で計算できます。

$$F-measure = \frac{2*precision*recall}{precision+recall} \quad\cdots\cdots\cdots\cdots\cdots\cdots\cdots\cdots\cdots\cdots\cdots\cdots\cdots\cdots\cdots\cdots \text{(3-18)}$$

モジュールによる評価

sklearn にはこれらの指標を計算するモジュールもあります。まず、精度ですが、sklearn.metrics.precision_score モジュールで計算できます。精度の計算のためには、ラベルの予測値のリストが必要です。これは以下のようすれば得ることができます（このコードは Naive Bayes の cl の作成、学習後に実行してください。なお、今回は α＝1 で実行しました）。

```
>>> test_ans_list = cl.predict(test_X)
```

ここで以下のようにすると、肯定的（0）と否定的（1）のクラスごとの精度を出力してくれます。

```
>>> from sklearn.metrics import precision_score
>>> precision_score(test_y, test_ans_list, average=None)
array([0.83001328, 0.69927827])
```

肯定クラスでは83%程度、否定クラスでは70%程度の精度となりました。なお、モジュールの第一引数は実際の値のラベルのリスト、第二引数は予測値のラベルのリスト、オプションのaverageは平均の仕方の指定です。色々指定できますが、ここではmicro（マイクロ平均）とmacro（マクロ平均）を紹介しておきたいと思います。

マイクロ平均（micro average） とは用例ごとの平均で、**マクロ平均（macro average）** とはクラスごとの平均を指します。ここで、Naive Bayes で予測されたラベルのうち、肯定（0）に

予測された数と否定（1）に予測された数を数えてみます。

```
>>> test_ans_list2 = test_ans_list.tolist()
>>> test_ans_list2.count(0)
753
>>> test_ans_list2.count(1)
1247
```

　一行目は、ndarray 型だった test_ans_list をリスト型にする処理です。そこで count(x) を行うと、リスト中の x の要素数が調べられます。肯定 (0) に予測された数は 753 件で否定 (1) に予測された数は 1247 件です。

　さらに、肯定に予測されたうちの正解数と、否定に予測されたうちの正解数を調べてみると、

```
>>> [ test_ans_list2[i]==0 and test_ans_list2[i] == test_y[i] \
      for i in range(len(test_ans_list2))].count(True)
625
>>> [ test_ans_list2[i]==1 and test_ans_list2[i] == test_y[i] \
      for i in range(len(test_ans_list2))].count(True)
872
```

　それぞれ 625 件と 872 件です。それぞれのクラスの精度は、625/753 および 872/1247 から計算できます。このとき、マイクロ平均は用例ごとの平均なので

$$\frac{625 + 872}{753 + 1247} = 0.7485$$

で計算できます。これに対してマクロ平均はクラスごとの平均なので

$$\frac{(625/753) + (872/1247)}{2} = 0.7646457740276531$$

で計算できます。試しにモジュールで計算してみると、一致しているのが分かります。

```
>>> precision_score(test_y, test_ans_list, average='micro')
0.7485
>>> precision_score(test_y, test_ans_list, average='macro')
0.7646457740276531
```

再現率を計算するモジュールは sklearn.metrics.recall_score です。

```
>>> from sklearn.metrics import recall_score
>>> recall_score(test_y, test_ans_list, average=None)
[0.625 0.872]
>>> recall_score(test_y, test_ans_list, average='micro')
0.7485
>>> recall_score(test_y, test_ans_list, average='macro')
0.7484999999999999
```

F 値を計算するモジュールは sklearn.metrics.f1_score です。

```
>>> from sklearn.metrics import f1_score
>>> f1_score(test_y, test_ans_list, average=None)
[0.71306332 0.77614597]
>>> f1_score(test_y, test_ans_list, average='micro')
0.7485
>>> f1_score(test_y, test_ans_list, average='macro')
0.7446046462152363
```

　なお、精度、再現率、F 値のマイクロ平均は正解率と一致します。

　また、これらの評価の差異が意味があるかどうかは検定を使って示すことができます。筆者はカイ二乗検定をよく使います。

3.5　ロジスティック回帰

　ロジスティック回帰とは、名前にある通りに回帰を使った分類のアルゴリズムです。3.1 節で説明したように、機械学習のアルゴリズムは回帰と分類に大別できます。図 3.1 にそれぞれ

のイメージ図を示しました。分類はクラスを分けるための線（決定関数）を学習し、回帰は値を予測するために、値を点とした場合にその点をつないだような線（回帰直線か回帰曲線）を学習するのでした。

　では、回帰なのに分類をする、というのはどういうことかというと、それはロジスティック回帰のための回帰曲線であるロジスティック関数（図 3.7）を見てみれば分かります[9]。この線は真ん中は 0.5 を中心として斜めの線になっていますが、両端は 0 または 1 になっています。つまり、入力 0 付近（図の真ん中あたり）という例外を除き、大抵の入力に対して 0 か 1 を予測値として返す関数なのです。予測値を学習するのは回帰ですが、0 か 1 に分けるのは、まさに分類です。これが「回帰を使った分類」の正体です。

　なお、真ん中はグレーゾーンです。0 か 1 か分からない場合にえいやっと決めてしまうより、あえて「0.2」とか「0.7」など確率を返してくれた方が助かる場合があるため、このように斜めの線になっています。分類問題としては、「出力が 0.5 以上の時は 1 とする」ことにしてお

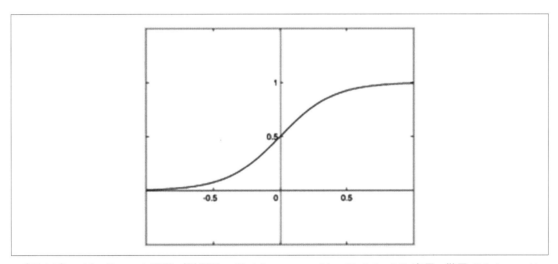

〔図 3.7〕ロジスティック関数（引用元：Chrislb - created by Chrislb, CC 表示 - 継承 3.0, https://commons.wikimedia.org/w/index.php?curid=223990 による）

[9] シグモイド関数とも呼びます。

きます。また、このグレーゾーンの範囲を広げるか狭めるかは、ロジスティック関数の係数を変えればコントロール可能です。

ロジスティック回帰の定式化

ロジスティック関数の式は以下です。α が傾き、つまりグレーゾーンの幅をコントロールしています。大抵は1です。（本書では以降1とします。）

$$y = \frac{1}{1 + e^{-\alpha x}} \quad\dotfill (3\text{-}19)$$

ここで、ロジスティック関数では、基本的に0か1かに分類していることに注意してください。つまり、ロジスティック回帰は二つのクラスに分類する**二値分類**のアルゴリズムです。

では、この入力の x が何かなのですが、ここが工夫のしどころです。x を1次関数にすれば図3.1の分類の絵のように決定境界は直線になります。このように決定境界が直線になることを**線形に分けられる**といいます。ロジスティック回帰では、基本的に以下のような式を利用します。

$$x = w_1 x_1 + ... + w_{n-1}x_{n-1} + w_n x_n + b = \sum_{i=1}^{n} w_i x_i + b \quad\dotfill (3\text{-}20)$$

ここで、x_i はひとつの素性、w_i はその重み、b は切片です。b は特殊な重み w_0 として考えることができるので、この式をベクトルの内積を使って表すと、以下のようになります。

$$x = W^T X \quad\dotfill (3\text{-}21)$$

W^T と X が大文字で、つまりベクトルであることに注意してください。なお、x の式を2次関数以上にすれば決定境界を曲線にすることも可能です。円形の分類空間にも対応できます。

ロジスティック回帰の学習フェーズでは、重みベクトル W を学習することで、適切な重み

を設定します。そして、推論フェーズでは、素性ベクトル X の入力[10]に対してロジスティック関数の入力 x を計算し、ロジスティック関数の出力にしたがってクラスラベル[11]が 0 なのか 1 なのかを分類します。

ではどのようにこの W を学習するかというと、損失関数を使います。**損失関数**とは誤差関数とも呼ばれ、基本的には予測値と実際の値（正解）のずれの大きさを表したものです。ずれなので小さいほうがよく、学習時にはこれを最小化するように学習していきます。具体的には**勾配降下法**などを用いて、W を偏微分して傾きを求め、最小値では傾きが 0 になることを利用して、少しずつ最適な W に近づけていきます。逆に言えば、この性質、つまり最適な W のときに最小値になる関数なら、損失関数はどんな関数でも構いません。そのため、ロジスティック回帰では尤度関数に−1 をかけたものが損失関数として使われます。

まず、ひとつの文書がどのくらいの確率で 0 または 1 に分類できるかを表す式は以下になります。

$$p(y|X) = p(y=1|x)^y \, p(y=0|x)^{1-y} \quad \cdots\cdots\cdots\cdots\cdots\cdots\cdots\cdots\cdots\cdots\cdots \text{(3-22)}$$

この式は $p(y=1|x)^y$ と $p(y=0|x)^{1-y}$ の部分に分けられ、片方が必ず 1 になります。つまり

$$\begin{cases} p(y|X) = p(y=1|x) & y=1 \\ p(y|X) = p(y=0|x) & y=0 \end{cases} \quad \cdots\cdots\cdots\cdots\cdots\cdots\cdots\cdots\cdots \text{(3-23)}$$

を 1 行で書いた式です。これを訓練データの数の分かけあわせることで訓練データ全体の**尤度関数**が求められます。以下の式になります。尤度関数は、訓練データ全体を同時に観測できる確率を表す関数です。

---

[10] 統計の分野では、素性のことを説明変数や独立変数と呼ぶことがあります。
[11] 統計の分野では、予測する値（自然言語処理ではクラスまたはラベルと呼ぶ）を目的変数や従属変数と呼ぶことがあります。

$$L(w) \equiv \prod_{n=1}^{N} (y_{n,w})^{l_n}(1 - y_{n,w})^{1-l_n} \quad \dots\dots\dots\dots\dots\dots\dots\dots\dots\dots\dots\dots\dots\dots\dots \quad (3\text{-}24)$$

ここで、N は訓練データの数、l_n は n 番目の訓練データのラベル、$y_{n,w}$ は n 番目の訓練データの入力素性に対して、今の重み W で学習した場合の予測確率です。最適な W は訓練データの正解をできるだけ高い確率で出力する W ですから、尤度関数が最大になるような W を求めればいいはずです。逆に損失関数は最小化したときの W が最適になる関数ですので、尤度関数に −1 をかけて利用します。

また、確率をいくつも掛け合わせるとアンダーフローしてしまって困るため、実際には全体の対数を取り計算します。その結果、最終的な損失関数は以下であらわされます。

$$Loss\,(w) = -\sum_{n=1}^{N} \{l_n log(y_{n,w}) + (1 - l_n)log(1 - y_{n,w})\} \quad \dots\dots\dots\dots\dots\dots\dots\dots\dots\dots\dots \quad (3\text{-}25)$$

この式は、二値分類のための**クロスエントロピー**の式として知られています。ディープラーニングを含めたニューラルネットワークで二値分類を行う際も、このクロスエントロピーを損失関数に用いています。また、その際の分類のための関数（活性化関数）には、ロジスティック関数がセットで利用されています。

LogisticRegression モジュールによるロジスティック回帰

それでは、実際に動かしてみましょう。sklearn の linear_model の中にある、Logistic Regression モジュールが使えます。

素直に考えれば、

```
>>> from sklearn.linear_model import LogisticRegression
>>> cl = LogisticRegression(random_state=0)
>>> cl.fit(train_X, train_y)
```

```
# エラーが出る
```

で学習すればいいはずなのですが、これだとエラーが出ます。エラーメッセージには標準化するか繰り返しの回数をあげるように書かれていました。今回は素性がすべて単語の出現頻度なので素性同士のスケールは同じなのですが、例えば身長と体重のように単位が違う値を素性にする際には重みを平等につけるために、標準化が必要です。**標準化（standardization）**では、素性値の平均を 0、標準偏差 1 にするように変換します。今回もデータを標準化したところ、うまく動きました。

標準化は以下のようにします。

```
>>> from sklearn import preprocessing

# 標準化の変換器を作成
>>> scaler = preprocessing.StandardScaler().fit(train_X)
>>> train_X_scaled = scaler.transform(train_X)
>>> test_X_scaled = scaler.transform(test_X)
```

2 行目で標準化の変換器を作成して、それを 3 行目と 4 行目でそれぞれ訓練データとテストデータに適用しています。このとき、変換器は訓練データだけで作るようにしてください。本来なら、テストデータはテストの時にしか入手できないはずなので、学習前の標準化の変換器を作るのに使うのはおかしいからです。

データの中身を確認してみます。

```
>>> train_X_scaled[0]
[ 2.00378077  2.11182876  1.48907797
  ...
  -0.02236627 -0.02236627  -0.02236627]
>>> test_X_scaled[0]
[-0.78910723  0.0687002  -1.09694313
  ... -0.02236627 -0.02236627 -0.02236627]
```

標準化の前のデータと比較してみましょう。

```
>>> train_X[0]
[13, 13, 11, 11, 10, 10, ..., 0, 0, 0]
>>> test_X[0]
[1, 5, 0, 4, 1, 3, 4, 4, ..., 0, 0, 0]
```

標準化によって、頻度データが実数値に変換されているのが分かります。

標準化の後のデータで分類器を作成すると問題なく動きました。

```
# ちゃんと動く
>>> cl.fit(train_X_scaled, train_y)
```

ここから先は Naive Bayes と全く同じです。正解率を求めるにはこうします。

```
>>> cl.score(test_X_scaled, test_y)
0.7395
```

Naive Bayes のときには 0.7485 だったので、ロジスティック回帰のほうが少し正解率が下がりました。

精度や再現率、F 値を算出するにはやはり Naive Bayes と同様に以下のようにしたのち、それぞれのモジュールで計算してください。

```
>>> test_ans_list = cl.predict(test_X_scaled)
```

なお、ロジスティック回帰のモジュールには他にも色々なオプションがあります。主なものを挙げておきます。まず、C は正則化の程度を指定するオプションです。この値が小さいほうが正則化が強く働きます。**正則化（regularization）**とは、過学習を防ぐ処理で、重みパラメータの数を減らす働きです。具体的には

$$Loss(w) = -C \sum_{n=1}^{N} \{l_n \, log(y_{n,w}) + (1 - l_n) \, log(1 - y_{n,w})\} + \frac{1}{2} \sum_{j=1}^{M} w_j^2 \quad \cdots\cdots\cdots\cdots\cdots \quad (3\text{-}26)$$

のようにして、もともとの損失関数に重み C をかけ、重みパラメータの二乗を足し合わせた後 2 で割った値を足す形の損失関数を利用することで正則化を行います。損失関数は最小化する関数ですので、重みパラメータの二乗を足し合わせた数が小さくなる方が好まれやすくなり、重みパラメータの数が減ることになります。重みパラメータの数が減れば、訓練データに細かく合わせることができなくなりますので、過学習を防ぐ役割を果たします。なお、二乗を利用する方法は L2 正則化と呼ばれ、絶対値を利用する方法は L1 正則化と呼ばれます。

　また、random_state はデータのシャッフルのためのランダム関数のパラメータです。max_iter は最適化の試行の繰り返し回数の上限値です。さらに、solver は最適化のアルゴリズムです。lbfgs がデフォルト値になっています。小さめのデータには liblinear が良いとモジュールの公式サイトに書かれていたため、こちらでも動かしてみました。まずは標準化しない方です。

```
>>> cl2 = LogisticRegression(solver='liblinear')
>>> cl2.fit(train_X, train_y)
LogisticRegression(solver='liblinear')
>>> cl2.score(test_X, test_y)
0.787
```

先ほどは時間がかかったのですが、今度はすぐに終わりました。また、正解率は 78.7% となり、Naive Bayes に勝りました。標準化したほうでも試してみると、

```
>>> cl2.fit(train_X_scaled, train_y)
LogisticRegression(solver='liblinear')
>>> cl2.score(test_X_scaled, test_y)
0.738
```

これまでで一番低くなりました。solver と正則化には使える組み合わせと使えない組み合わせがあるようです。詳しく知りたい方はモジュールの公式サイト [12] を参照してください。

softmax 関数による多クラス分類

最後に、multi class は多クラス分類のオプションです。ロジスティック回帰は二値分類のアルゴリズムですが、これを 3 つ以上のクラスに分類する**多クラス分類**に拡張したアルゴリズムがあります。それが softmax 関数による分類です。分類する関数として、ロジスティック関数の代わりに **softmax 関数**を使います。softmax 関数は以下の式で表されます。

$$P(y_i|x) = \frac{e^{x_i}}{\sum_{k=1}^{K} e^{x_k}} \quad \dots\dots\dots\dots\dots\dots\dots\dots\dots\dots\dots\dots\dots\dots\dots \quad (3\text{-}27)$$

このとき、大文字の K はクラスの数、$P(y_i|x)$ は x_i を入力にとったときに i 番目のクラス y_i が起こる確率です。この式は、何らかのスコアを確率に変換するための式だと考えると分かりやすいでしょう。e^x は単調増加関数で、つまり、x の値が大きくなると必ずその値が大きくなる性質を持ちます。つまり、x と e^x は大小関係がいつも同じになります。また指数の性質として、入力がマイナスでも、必ず 0 以上の数になります。ということは、e^x を使うと、負の値から大きな値まで、必ず大小関係を保ったままの正の値に変換することができます。softmax 関数では、さらにその正の値を足して 1 になるように正規化（normalization）することによって、その出力を確率として扱うことができるようにしています。

実際には以下の式でロジスティック回帰と同様に、softmax 関数の入力が計算されます。

$$x_i = W^T X \quad \dots\dots\dots\dots\dots\dots\dots\dots\dots\dots\dots\dots\dots\dots\dots\dots\dots\dots\dots \quad (3\text{-}28)$$

x_i は i 番目のクラス y_i のための、softmax 関数の入力となるスコアです。これを softmax 関数に

---

[12] https://scikit-learn.org/stable/modules/generated/sklearn.linear_model.LogisticRegression.html

入力すると、その大小にしたがって確率が返ります。そして、その確率が最も大きなクラスが分類先として選ばれるのです。

　なお、softmax 関数とロジスティック関数には深い関係があります。softmax 関数でクラス数 K を 2 にすると、ロジスティック関数と等価になるのです。

$$\frac{e^{x_1}}{e^{x_1} + e^{x_2}} = \frac{1}{1 + e^{-(x_1 - x_2)}} \quad\cdots\cdots\cdots\cdots\cdots\cdots\cdots\cdots\cdots\cdots\cdots\cdots\cdots\cdots\cdots\cdots \text{(3-29)}$$

そのため、ロジスティック回帰の素直な多クラス分類への拡張が、softmax 関数の分類であるということができます。

　softmax 関数による分類の際の損失関数には、（多クラス分類の）クロスエントロピーの式が使われます。ロジスティック関数と二値分類のクロスエントロピーの式がセットだったように、softmax 関数と多クラス分類のクロスエントロピーの式はセットで使われます。ディープラーニングの多クラス分類の時も、活性化関数には softmax 関数、損失関数にはクロスエントロピーの式が使われるのが一般的です。

　以下の式が、二値分類のクロスエントロピーの式（のマイナスをかけて対数を取る前の式）でした。

$$L(w) \equiv \prod_{n=1}^{N} (y_{n,w})^{l_n} (1 - y_{n,w})^{1 - l_n} \quad\cdots\cdots\cdots\cdots\cdots\cdots\cdots\cdots\cdots\cdots\cdots\cdots\cdots \text{(3-30)}$$

　多クラス分類のクロスエントロピーの式（のマイナスをかけて対数を取る前の式）は以下になります。

$$L(w) \equiv \prod_{n=1}^{N} \prod_{k=1}^{K} (y_{n,w,k})^{l_{n,k}} \quad\cdots\cdots\cdots\cdots\cdots\cdots\cdots\cdots\cdots\cdots\cdots\cdots\cdots\cdots \text{(3-31)}$$

このとき、N は訓練データの数、K はラベルの数、$l_{n,k}$ は n 番目の訓練データのラベルが k だ

ったら1でそうでなければ0（そのため、K個の中でひとつだけが1になります）、$y_{n,w,k}$ は n 番目の訓練データの入力素性に対して、今の重み W で学習した場合の予測確率です。これをまたマイナスをかけて対数を取ると、多クラスの場合のクロスエントロピーの式になります。

$$Loss\ (w) = -\sum_{n=1}^{N}\sum_{k=1}^{K} l_{n,k}\, log(y_{n,w,k})$$ ··· (3-32)

多クラス分類のオプションは multi class でした。multi class オプションを multinomial とするとこの、softmax 関数による分類が行われます。ovr にすると One-vs-Rest 法というやり方で多クラス分類を行います。この手法については次の Support Vector Machine の章で説明します。auto を選ぶとバイナリデータのときと solver が liblinear のときには One-vs-Rest 法を、それ以外の時には softmax 関数による分類を自動で選んでくれます。デフォルトは auto になっています。

試しに、Naive Bayes の時に試した星の数を当てる多クラス分類のデータ（cls-acl10-unprocessed のデータ）で実行してみます。

```
>>> from sklearn.linear_model import LogisticRegression
>>> cl_soft = LogisticRegression(multi_class='multinomial', solver='newton-cg')
>>> cl_soft.fit(train_X, train_y)
>>> cl_soft.score(test_X, test_y)
0.4847423711855928
```

このようにすると softmax 関数の分類になります。デフォルトのソルバーでは解けなかったので newton-cg を指定しました。Naive Bayes の 49% よりもわずかに低い結果になりました。

3．6　Support Vector Machine

Support Vector Machine（サポートベクターマシン）、通称 **SVM** は、ディープラーニングが出てくる前に最もよく使われていた分類アルゴリズムです。ロジスティック回帰は回帰の式を

使って分類を行っていましたが、SVMは初めから決定関数を学習で求めて分類を行います。図3.1の左側の図のイメージです。

　SVMを理論的に説明するには難しい数式が必要なので、まずはイメージで説明します。まず、ここではふたつのクラスの分類を考えます。また、素性はふたつしかないところからイメージを始めます。素性がふたつのとき、素性ベクトルの空間は二次元になります。二次元の空間上にふたつのクラスの用例がたくさんあるイメージです。そこに線を引くことで、二次元空間を二つに分けることができます。図3.1はこのイメージの図でした。

　ここで、また素性を増やします。素性がみっつだったとすると、三次元の素性空間を分けることになります。三次元の空間は、二次元の面で分けることができます。実際は素性はふたつやみっつどころか、何千、何万もありますので、素性空間も何千次元、何万次元になります。地球上、目に見える世界は三次元までなので、具体的にイメージするのは難しいかもしれませんが、二次元空間上の点（用例ベクトル）の集合を一次元の線で分類でき、三次元空間上の点の集合を二次元の面で分類できるのなら、N次元の空間上の点の集合をN-1次元の「面のような何か」で分類できるだろうな、と予想がつきます。このような「高次元の面のような何か」のことを**超平面**（**hyperplane**）といいます。SVMはこの超平面で素性空間を分割することで分類を行う手法です。

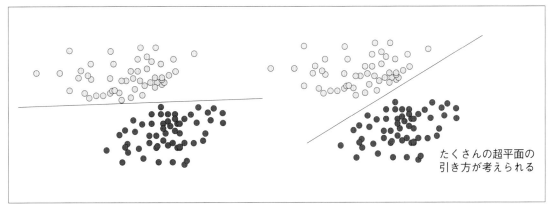

〔図3.8〕SVMの決定境界の引き方

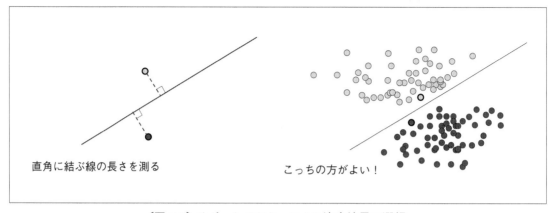

直角に結ぶ線の長さを測る　　　こっちの方がよい！

〔図3.9〕サポートベクターによる決定境界の選択

　この超平面の引き方にはいろいろ考えられます。また二次元で考えてみると、図3.8の左のように引くこともできますし、右のように引くこともできます。そこでSVMでは、最も良い線を「決定境界から最も近くにある用例が、一番遠くなるように引く線」であると定義しています。この「決定境界から最も近くにある用例」のことをサポートベクター（support vector）と呼びます。

　サポートベクターを選ぶときには、決定境界から直角に結ぶ線の長さを測ります（図3.9）。そうやって測ると、図3.8のふたつの引き方のうち、左のサポートベクターは決定境界とほぼ接しているのに対し、右の図ではもう少し離れていると言えます[13]。そのため、右の線を選択できます。

　サポートベクターと決定境界の距離のことを**マージン**と言います。SVMではマージンを最大化する決定関数を学習します。

SVMの定式化

　ここで、高校の数学を思い出すと、点と直線の距離の公式というものがあります。点 $(x_i,$

---

[13] 線の引き方によって、「最も線に近い用例」は異なります。つまり、サポートベクターは超平面の引き方によって異なります。

y_i) と線 $ax + by + c = 0$ の距離は、

$$\frac{|ax_i + by_i + c|}{\sqrt{a^2 + b^2}} \quad \dots\dots\dots\dots\dots\dots\dots\dots\dots\dots\dots\dots\dots\dots\dots\dots \quad (3\text{-}33)$$

である、というものです。私たちが求めるのは点と超平面の距離ですが、次元数が異なるだけで、基本的には同じ式で求めることができます。つまり、今回の「線（＝超平面）」は決定境界（決定関数）で「点」がサポートベクターになります。決定関数は、以下の式で表します。

$$y = w_1 x_1 + \dots + w_{n-1} x_{n-1} + w_n x_n + b = \sum_{i=1}^{n} w_i x_i + b \quad \dots\dots\dots\dots\dots\dots\dots \quad (3\text{-}34)$$

ここで、x_i はひとつの素性、w_i はその重み、b は切片です。この式をベクトルの内積を使って表すと、以下のようになります。

$$y = W^T X + b \quad \dots\dots\dots\dots\dots\dots\dots\dots\dots\dots\dots\dots\dots\dots\dots\dots\dots \quad (3\text{-}35)$$

W^T と X が大文字で、つまりベクトルであることに注意してください。

　実はこの式は、ロジスティック回帰の式（3-20）と式（3-21）と同じです[14]。これは、たくさんの素性に適切な重みを設定することで、最適な決定境界を求めようとしているのはロジスティック回帰も SVM も同じだからです。

　式（3-33）に決定関数とサポートベクターを代入すると、以下のようになります。

$$\frac{|w_1 x_1 + \dots + w_{n-1} x_{n-1} + w_n x_n + b|}{\sqrt{w_1^2 + \dots + w_{n-1}^2 + w_n^2}} = \frac{|W^T X + b|}{\sqrt{W^2}} \quad \dots\dots\dots\dots\dots\dots\dots \quad (3\text{-}36)$$

---

[14] ロジスティック回帰のときには b は特殊な重み w_0 として考えたので $+b$ を省略しました。SVM では後の式で b を使うので外に出しています。そのため、W や X はロジスティック回帰では $n + 1$ 次元ですが、SVM では n 次元となります。

SVMではこれを最大化します。

ここで、もうひとつの式を導入します。訓練データを正しく判定するための条件です。図3.10はSVMのクラスの判定のイメージ図です。決定関数の超平面Hが$W^TX + b = 0$のとき、さらに$W^TX + b = 1$という超平面H1と$W^TX + b = -1$という超平面H2を考えます。H1とH2の上にそれぞれのクラスのサポートベクターがあるとすると、その間がそれぞれのマージンになります。そして、H1とH2の間にはひとつも用例ベクトルがないことになります。

このとき、j番目の入力の素性ベクトルをX_jすると、もし正解が白の丸のクラスで、正しく分類されたなら、予測値の$y_j = W^TX_j + b$はH1よりも上（大きな数）になります。また、もし正解が黒の丸のクラスで、正しく分類されたなら、予測値の$y_j = W^TX_j + b$はH2よりも下（小さな数）になります。言い換えると、以下が成り立ちます。

$$\begin{cases} y_j = W^TX_j + b \geq 1 \ （白） \\ y_j = W^TX_j + b \leq -1 \ （黒） \end{cases} \quad \cdots\cdots\cdots\cdots\cdots\cdots\cdots\cdots\cdots\cdots\cdots\cdots\cdots (3\text{-}37)$$

また、SVMでは正解t_jはそれぞれ1または-1を与えられえるので、以下が成り立ちます。

$$\begin{cases} t_j = 1 \ （白） \\ t_j = -1 \ （黒） \end{cases} \quad \cdots\cdots\cdots\cdots\cdots\cdots\cdots\cdots\cdots\cdots\cdots\cdots\cdots\cdots\cdots\cdots (3\text{-}38)$$

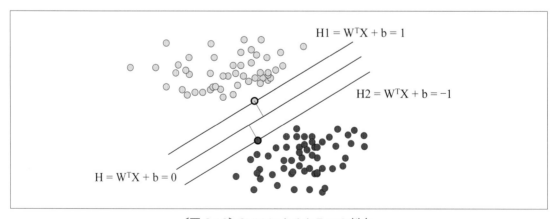

〔図3.10〕SVMによるクラスの判定

そこで、式（3-37）と式（3-38）から、以下がいえます。白い丸の時にはy_jとt_jが両方1以上で、黒い丸の時にはy_jとt_jが両方−1以下なので、y_jとt_jを掛け合わせると常に1以上になるためです。

$$t_j(W^T X_j + b) \geq 1 \quad\text{(3-39)}$$

この式が、「訓練データを正しく判定するための条件」、言い換えると**制約条件**です。図3.10のようにすべての用例を正しく分類する決定関数を求めるためには、この式はすべての用例について成り立たなければなりません。

　また、ここで、式（3-37）から$|W^T X_j + b| \geq 1$が成り立つので、式（3-36）から、距離の中で一番短いもの、つまりマージンは

$$\frac{1}{\sqrt{W^2}} = \frac{1}{|W|} \quad\text{(3-40)}$$

となります。

　SVMでは、式（3-39）を制約条件としつつ式（3-40）で表されるマージンを最大化します。ロジスティック回帰の際に説明したように、損失関数は最小化するための関数ですから、制約条件はそのままに、以下の式を最小化します。

$$L(w) = \frac{1}{2} W^2 \quad\text{(3-41)}$$

なぜ絶対値を使わず、二乗を使うかというと、その方がコンピュータ上の処理が簡単だからです。また1/2をかけるのは、勾配を求めようと微分したときに二乗の2とうまく打ち消しあってくれるからです。

　制約条件のある中で最小化問題を解く際にはラグランジュの未定乗数法という方法で解きます。ラグランジュ乗数αを導入し、最終的な目的関数は以下のようになります。

$$Loss\,(W, b, \alpha) = \frac{1}{2}W^2 - \sum_{j=1}^{N} \alpha_j \{t_j(W^T X_j + b) - 1\} \quad \cdots\cdots\cdots\cdots\cdots\cdots\cdots \text{(3-42)}$$

なお、このとき $\alpha_j \geq 0$ で、訓練データの用例数 N のとき、$j = 1, ..., N$ です。この式を解くと、

$$W = \sum_{j=1}^{N} \alpha_j t_j X_j \quad \cdots\cdots\cdots\cdots\cdots\cdots\cdots\cdots\cdots\cdots\cdots\cdots\cdots \text{(3-43)}$$

となります。これを決定関数の式（3-35）に代入すると、

$$y = \sum_{j=1}^{N} \alpha_j t_j ((X_j)^T X) + b \quad \cdots\cdots\cdots\cdots\cdots\cdots\cdots\cdots\cdots \text{(3-44)}$$

となります。パラメータ α_j はサポートベクター以外の用例の時には 0 になるため、実際の決定関数はサポートベクターのみによって決まります。

ソフトマージン

　なお、今までの説明は、図 3.10 のように訓練データ中のすべての用例がマージンの外にある場合、つまり完璧に分類できた場合の説明です。実際は、完璧には分けることができないことがよくあります。その場合には、ソフトマージン[15] を用いた分類を行います。

　図 3.11 はソフトマージンのイメージです。いくつかの用例が互いの領域に入り込み、誤って分類されています。実際のデータにはノイズもありますので、汎用性を高めるためには、訓練データを完璧に分けるより、いくつかのノイズの誤分類を許したほうがいいのです。しかし、誤って分類される用例は少ないほうがいいですし、さらに、誤って入り込む距離も小さいほうが望ましいのは確かです。

---

[15] 反対に、完璧に分けられるときのマージンをハードマージンと呼ぶことがあります。

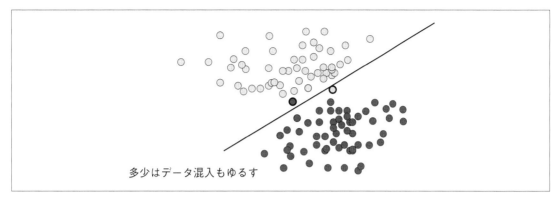

多少はデータ混入もゆるす

〔図3.11〕ソフトマージン

　そこで、ソフトマージンを用いた分類の際には、式（3-41）の代わりに以下の式（3-45）を最小化することを考えます。

$$Loss\,(W) = \frac{1}{2}W^2 + C\sum_{j=1}^{N}\xi_j \qquad\qquad\qquad\qquad (3\text{-}45)$$

　ただし、ξ_j は用例 j が入り込んだ距離で、$\xi_j \geq 0$ とします。また、制約条件も、

$$t_j(W^TX_j + b) \geq 1 - \xi_j \qquad\qquad\qquad\qquad\qquad (3\text{-}46)$$

となります。そこで、ラグランジュ乗数 α および β を導入し、ソフトマージンを利用した分類の損失関数は以下になります。

$$Loss\,(W, b, \alpha, \beta) = \frac{1}{2}W^2 + C\sum_{j=1}^{N}\xi^2 - \sum_{j=1}^{N}\alpha_j\{t_j(W^TX_j + b) - 1 + \xi_j\} - \sum_{j}^{N}\beta_j\xi_j \quad\cdots\cdots\cdots (3\text{-}47)$$

カーネルトリック

　ここまで説明してきたSVMでは決定境界が直線になるので、線形に分けることしかできません。では入り組んだ線（超平面）や曲線（超平面）でしか分けられないデータはどうしたら

いいのか、という問題があります。ここで、どうやったら線形に分けやすいかを考えてみると、実は高次元であればあるほど分けやすいという性質があります。この性質を利用して、用例ベクトルをもともとの素性空間から高次元空間に写像することによって、線形分離可能ではなかったクラスを線形分離可能にしてしまうことが可能です。

しかし、それではまだ問題があります。ここで、決定関数の式（3-44）を再掲します。

$$y = \sum_{j=1}^{N} a_j t_j ((X_j)^T X) + b \quad \cdots\cdots\cdots\cdots\cdots\cdots\cdots\cdots\cdots\cdots\cdots\cdots \quad (3\text{-}48)$$

この、内積の計算 $(X_j)^T X$ が重要な点です。X_j や X を高次元に写像するということは、つまり素性の数を増やすのと同じ働きになりますから、内積の計算の計算量がとても増えてしまいます。そのため X_j や X を高次元に写像してから内積を計算するのは避けたいのです。

そこで出てきたのが**カーネルトリック**です。X_j や X を関数 ψ を用いて高次元に写像した場合、式（3-48）の $(X_j)^T X$ は $\psi(X_j)$ と $\psi(X)$ の内積 $(\psi(X_j), \psi(X))$ を表しています。カーネルトリックではこの $(\psi(X_j), \psi(X))$ の計算をカーネル関数 $K(X_j, X)$ を用いて直接 X_j や X から計算してしまう技術です。

例えば2次元から6次元に写像する関数 ψ として以下のような関数を設定したとします。

$$\psi(x_1, x_2) = (1, \sqrt{2}x_1, \sqrt{2}x_2, x_1^2, x_2^2, \sqrt{2}x_1x_2)$$

今、$\boldsymbol{a} = (a_1, a_2), \boldsymbol{b} = (b_1, b_2)$ として、$(\psi(\boldsymbol{a}), \psi(\boldsymbol{b}))$ を計算してみましょう。

$$\psi(\boldsymbol{a}) = (1, \sqrt{2}a_1, \sqrt{2}a_2, a_1^2, a_2^2, \sqrt{2}a_1a_2)$$
$$\psi(\boldsymbol{b}) = (1, \sqrt{2}b_1, \sqrt{2}b_2, b_1^2, b_2^2, \sqrt{2}b_1b_2)$$

なので、

$$(\psi(\boldsymbol{a}), \psi(\boldsymbol{b})) = 1 + 2a_1b_1 + 2a_2b_2 + (a_1b_1)^2 + (a_2b_2)^2 + 2a_1a_2b_1b_2$$

となります。一方、$(1 + (\boldsymbol{a}, \boldsymbol{b}))^2$ という式を計算してみると、実は、上の式の右辺と一致しています。つまり、以下の式が成立します。

$$(\psi(\boldsymbol{a}), \psi(\boldsymbol{b})) = (1 + (\boldsymbol{a}, \boldsymbol{b}))^2$$

この式の左辺は 6 次元の計算が必要ですが、右辺は 2 次元の計算で済みます。これがカーネルトリックです。カーネルトリックを使うと $(\psi(\boldsymbol{a}), \psi(\boldsymbol{b}))$ が $\boldsymbol{a}$ と $\boldsymbol{b}$ を引数とする関数 $K(\boldsymbol{a}, \boldsymbol{b})$ で表せます。この関数がカーネル関数です。上記の $(1 + (\boldsymbol{a}, \boldsymbol{b}))^2$ もカーネル関数であり、2 次の多項式カーネルと呼ばれています。他にも線形カーネル、ガウスカーネル（RBF カーネル）、シグモイドカーネルなど多くのカーネル関数が存在します。またカーネル関数を使うと高次元に写像する関数 ψ を具体的に与える必要がないことにも注意して下さい。

　自然言語処理では元々のベクトルが高次元であり、更に高次元に写像する必要がないことも多く、主に線形カーネルが利用されます。線形カーネルは高次元に写像する関数を恒等関数にしたもので単なる内積です。

$$K(\boldsymbol{a}, \boldsymbol{b}) = (\boldsymbol{a}, \boldsymbol{b})$$

Pairwise と One-vs-Rest

　これまで見てきた SVM のアルゴリズムは、二値分類を行うアルゴリズムです。ロジスティック回帰のときには、多クラスの分類を行う手法としてロジスティック関数を多クラスに拡張した softmax 関数による分類を紹介しました。

　一方、SVM では超平面によってクラスを分けています。そのため、超平面を増やすことで多クラスの分類に対応できます。ただし、「超平面をひとつ作るアルゴリズム」がこれまでの説明のアルゴリズムに相当するので、そのアルゴリズムの実行を何度も繰り返すことで、多クラスに対応することになります。つまり、二値分類を複数回利用することで、多クラスの分類を行うのです。

　そのやり方には、pairwise 法と One-vs-Rest 法があります。**pairwise 法**は、クラスの対ごとにどちらのクラスに属するかを決定する手法です。One-vs-One 法とも呼ばれます。例えば、A、B、C の三つのクラスに分ける場合には、A と B、B と C、A と C の三回の二値分類を行って、どこのクラスに属するのかを決定します。N 個のクラスがあるとすると、${}_N C_2 = N \times (N-1)/2$ 個の分類器が必要になります。このとき、矛盾が生じる可能性もあります。例えば、A より B らしく、B より C らしいが、C より A らしいという結果が出る可能性があります。この場合には、分類平面からの距離を比較して決定します。SVM では分類平面から遠いほうがそのクラスらしいと考えるので、分類平面からの距離が遠い方のクラスに決定します。

　これに対して**One-vs-Rest法**では、クラスごとにそのクラスに属するかを決定します。例えば、A、B、C の三つのクラスに分ける場合には、A か否か、B か否か、C か否かの三回の二値分類を行います。N 個のクラスがあるとすると、N 個の分類器が必要になります。$N = 3$ のときには、pairwise でも One-vs-Rest でも分類器は三つですが、$N = 4$ になると pairwise では 6 個で One-vs-Rest では 4 個、$N = 5$ になると pairwise では 10 個で One-vs-Rest では 5 個、とこの差は開いていくため、クラス数が多いときほど pairwise より手軽である利点があります。ただし、One-vs-Rest でも矛盾が生じる可能性があります。たとえば、A でもあるし、B でもあるという結果になるかもしれません。この場合には、pairwise と同様に、分類平面からの距離が遠い方のクラスに決定します。

　この pairwise 法と One-vs-Rest 法は、ロジスティック回帰など、他の二値分類のアルゴリズムにも利用可能です。

SVC モジュールによる SVM

　それでは、sklearn のモジュールを動かしてみましょう。sklearn.svm.SVC です。大きなデータセットには LinearSVC もあります。どちらも SVM のアルゴリズムです [16]。関数によっ

---

[16] SGDClassifier という損失関数の指定により SVM が実行できるモジュールもあります。

て損失関数は若干の違いがありますが、どちらも、パラメータ C がノイズのペナルティの強さを決めること、したがって C が小さければ正則化の影響が強く働くという設定になっていることは変わりません。SVC でも LinearSVC でも、C のデフォルト値は 1 です。デフォルトではソフトマージンによる分類が行われていると言えます。

　まずは二値分類の方を試します。

```
>>> from sklearn.svm import SVC
>>> cl=SVC(gamma='auto')
>>> cl.fit(train_X, train_y)
SVC(gamma='auto')
```

これが学習フェーズです。カーネルのデフォルトはガウスカーネルになっています。推論フェーズは以下になります。

```
>>> >>> cl.score(test_X, test_y)
0.5585
```

Naive Bayes やロジスティック回帰に比べてずいぶん正解率が下がってしまいました。カーネルを線形カーネルに変更してみます。

```
>>> cl_linear=SVC(gamma='auto', kernel='linear')
>>> cl_linear.fit(train_X, train_y)
>>> cl_linear.score(test_X, test_y)
0.7675
```

まだ Naive Bayes やロジスティック回帰に届きませんが、迫っては来ました。他にも、多項式カーネルやシグモイドカーネルを使ってみましたが、線形カーネルを超すことはありませんでした。このデータでは線形カーネルが一番いいようです。

　試しに、星の数を当てる多クラス分類のデータ、cls-acl10-unprocessed でも実行してみます。

```
>>> from sklearn.svm import SVC
>>> cl_multi=SVC(gamma='auto', kernel='linear')
>>> cl_multi.fit(train_X, train_y)
>>> cl_multi.score(test_X, test_y)
0.45522761380690346
```

こちらも、線形カーネルが一番良い結果で、Naive Bayes やロジスティック回帰には届きませんでした。

```
>>> cl_multi=SVC(gamma='auto', kernel='linear', decision_function_shape='ovo')
>>> cl_multi.fit(train_X, train_y)
>>> cl_multi.score(test_X, test_y)
0.45522761380690346
```

　デフォルトでは decision function shape='ovr'、つまり、多クラス分類にする手法は One-vs-Rest 法を使っているので、ovo に変更してみました。これは One-vs-One、つまり pairwise の手法です。しかし結果は変わりませんでした。

LinearSVC モジュールによる SVM

　線形カーネルが一番いいようなので、LinearSVC モジュールでも同様に実行してみます。こちらは、線形カーネルに特化された SVM の実装で、SVC よりも高速です。モジュールの公式サイト[17] によれば、基本的には線形カーネルを指定した SVC の実装に似ているそうですが、線形カーネルに特化して実装されたため、正則化や損失関数の指定ができます。また、用例が多い時に適しています。

　まずは二値分類の方を試します。

---

[17] https://scikit-learn.org/stable/modules/generated/sklearn.svm.LinearSVC.html#sklearn.svm.LinearSVC

```
>>> from sklearn.svm import LinearSVC
>>> cl=LinearSVC()
>>> cl.fit(train_X, train_y)
```

このようにしたところ、収束していませんよという警告が出ましたが、一応学習フェーズは終了しました。そのうえで

```
>>> cl.score(test_X, test_y)
0.768
```

SVCと同程度の性能になりました。

　そこで、正則化のパラメータを変えて、ハードマージン分類を行ってみたところ、

```
>>> cl_1000=LinearSVC(C=1000)
>>> cl_1000.fit(train_X, train_y)
>>> cl_1000.score(test_X, test_y)
0.767
```

となり、こちらもSVCと同程度の性能になりました。他にもいくつか設定を変えてみましたが、どれもこの程度の性能でした。

　次に、星の数を当てる多クラス分類のデータ、cls-acl10-unprocessedでも実行してみます。

```
>>> from sklearn.svm import LinearSVC
>>> cl=LinearSVC()
>>> cl.fit(train_X, train_y)
>>> cl.score(test_X, test_y)
#   (警告) が出る
0.4652326163081541
```

二値分類のときと同じように、収束していませんという警告が出ましたが、SVCを少しだけ上

回りました。ただし、Naive Bayes やロジスティック回帰には届きませんでした。

　そこでハードマージンで分類してみたところ、

```
>>> cl=LinearSVC( C=1000)
>>> cl.fit(train_X, train_y)
>>> cl.score(test_X, test_y)
0.45672836418209106
```

SVC と同程度となりました。

　LinearSVC ではマルチクラスの分類の手法の指定は multi class で行います。デフォルト
は One-vs-Rest 法の ovr です。オプションにはもうひとつ crammer singer がありますが、モ
ジュールの公式サイトによれば、良い結果になることはまれなうえに計算量も多いため、実際
にはあまり使われないようです。

　他にもいくつか損失関数などを変えてみましたが、このデータについては、性能はあまり変
わりませんでした。

3.7　ニューラルネットワークとディープラーニング

　これまで、ディープラーニング登場以前の分類アルゴリズムの説明をしてきましたが、そろ
そろディープラーニングについて説明しようと思います。本書はタイトルに「入門」とついて
いますので、ここではあえて初心者向けに簡単に説明します。応用としては 4 章の LSTM を、
先進的な内容は 5 章の BERT の章を参照してください。

　ディープラーニングは漢字で書くと深層学習と書きます。これは、もともと古くからあった
分類アルゴリズム、ニューラルネットワークの層を深くしたもの、という意味です。ディープ
ラーニングの技術はここ 10 年ほどで大きく発展しましたが、少なくともその基本となる分類
アルゴリズムは、かなり古くからあったものです。そのため、ディープラーニングについて学
ぶためには、ニューラルネットワークについて理解する必要があります。

ニューラルネットワーク

　ニューラルネットワーク（**neural network**）は直訳すると神経のネットワークという意味です。ディープラーニングが人間の知能を模倣したアルゴリズムだと聞いたことがある方も多いかもしれません。それはもともとのニューラルネットワークが、人間の脳の仕組みを意識したアルゴリズムだからです。

　人間の脳には神経細胞、「ニューロン」があります。ニューロンは電気信号を受け取り、次のニューロンに渡す役割を果たしています。ニューラルネットワークとは、このニューロンのネットワークを模した機械学習なのです。

　ひとつのニューロンを模したモデルを、ニューロンモデルと言います。図3.12のようなものです。この図ではふたつの入力が大きな丸（ニューロン）に入り、そこからひとつの出力が出ていますが、入力の数はみっつ以上でも構いません。入力には重みが設定されていて、ニューロンには閾値が設定されています。ニューロンは、入力の電気信号の重み付きの合計がある閾値 θ を超える場合に、電気信号を次のニューロンに送ります。これをニューロンの発火と呼びます。これを式で表します。i 番目の入力を x_i、その重みを w_i、閾値を $\theta = -b$、出力を y として、n 個の入力があるとすると、以下の式になります。

$$y = f(\sum_{i=1}^{n} x_i w_i + b)$$ ．．（3-49）

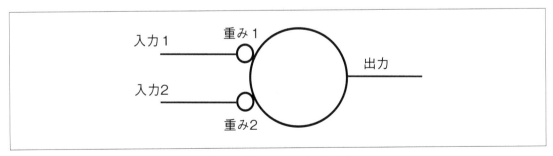

〔図3.12〕ニューロンモデル

ここで、f は**活性化関数**と呼ばれ、色々な関数を利用して工夫するところができるのですが、基本のニューロンモデルでは以下のステップ関数となります。

$$\begin{cases} f(I) = 1 & I \geq 0 \\ f(I) = 0 & I < 0 \end{cases} \quad\cdots\cdots\cdots\cdots\cdots\cdots\cdots\cdots\cdots\cdots\cdots\cdots\cdots\cdots\cdots\cdots\cdots (3\text{-}50)$$

ステップ関数のグラフは図 3.13 のようになっています。$I = \sum_{i=1}^{n} x_i w_i + b$ とすると、式 (3-49) と式 (3-50) はそのまま、電気信号の重み付きの合計がある閾値を超える場合、つまり活性化関数の入力が 0 を超える場合に、ニューロンが発火（1 になる）ことを式で表しているのが分かると思います。

　ニューラルネットワークとは、ニューロンモデルのネットワークを指します。つまり、ニューロンモデルをいくつもつなげたものです。

　もっとも単純なニューラルネットワークは、ニューロンモデルひとつだけのものです。**単純パーセプトロン**と呼ばれます。ここで活性化関数を工夫してみましょう。ステップ関数の代わりに、ロジスティック関数にしてみます。式 (3-19) を少し直して再掲します。

$$y = \frac{1}{1 + e^{-I}} \quad\cdots\cdots\cdots\cdots\cdots\cdots\cdots\cdots\cdots\cdots\cdots\cdots\cdots\cdots\cdots\cdots\cdots (3\text{-}51)$$

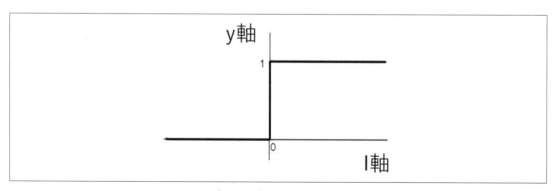

〔図 3.13〕ステップ関数

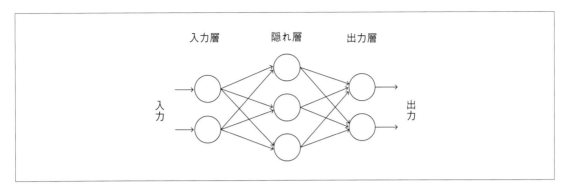

〔図 3.14〕多層パーセプトロン

式（3-50）の f の中身がロジスティック回帰の式（3-20）と同じになっていることにお気づきでしょうか。つまり、活性化関数をロジスティック関数にすると単純パーセプトロンはロジスティック回帰と同じ式になります。損失関数も、二値分類のクロスエントロピーの式になります。また、活性化関数を softmax 関数にすると、多クラス分類のロジスティック回帰と同じ式になります。このとき、損失関数も多クラス分類のクロスエントロピーの式になります。

　ロジスティック回帰の決定関数は線形に分けるものでした。言い換えると、ロジスティック回帰では線形に分けることしかできません。式が同じですから、同じことなので、単純パーセプトロンも線形にしか分けられないということです。そこで、二つ以上のニューロンモデルをつなげることを考えます。**多層パーセプトロン**（**multi-layer perceptron**、MLP）と呼ばれます。図 3.14 のようなものです。

　多層パーセプトロンでは、ニューロンの数が縦にも横にも増えました。特に、縦のまとまりを**層**（layer）と呼びます。ディープラーニングは、この層をかなり多くしたものになります。入力層と出力層の間の層を、隠れ層[18] と呼びます。このように層を多くしていくと、決定関数が複雑化し、線形ではない分け方が可能になるため、複雑な問題が解けるようになるのです[19]。

---

[18] 中間層とも言います。
[19] 活性化関数には非線形な関数を利用しなければなりません。線形関数を入れ子にしても線形関数にしかならないためです。

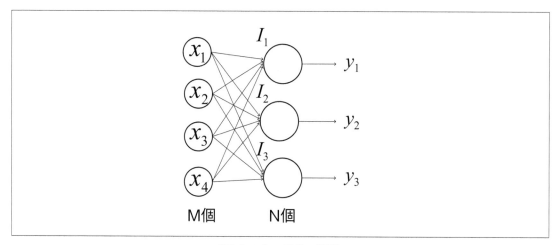

〔図3.15〕1層分の計算

パーセプトロンでは、入力も入力層として図に含まれるのが普通です。ただし、層の数としてはカウントしないので、図3.14は二層ネットワークになります。

多層パーセプトロンになっても、式は同じです。図3.15は、入力層のニューロンが$M=4$個、中間層のニューロンが$N=3$個の場合の図になっています。これを式で表すと、

$$I_n = \sum_{m=1}^{M} x_m w_m + b_n \quad \cdots\cdots\cdots\cdots\cdots\cdots\cdots\cdots\cdots\cdots\cdots\cdots\cdots\cdots\cdots\cdots\cdots\cdots \quad (3\text{-}52)$$

$$y_n = f(I_n) \quad \cdots\cdots\cdots\cdots\cdots\cdots\cdots\cdots\cdots\cdots\cdots\cdots\cdots\cdots\cdots\cdots\cdots\cdots\cdots\cdots\cdots\cdots\cdots\cdots \quad (3\text{-}53)$$

このようになります。さらに、IをN要素の縦ベクトル、xをM要素の縦ベクトル、bをN要素の縦ベクトル、yをN要素の縦ベクトル、WをN行M列の行列、$f(I)$をN要素の縦ベクトルとすると、この式は

$$I = Wx + b \quad \cdots\cdots\cdots\cdots\cdots\cdots\cdots\cdots\cdots\cdots\cdots\cdots\cdots\cdots\cdots\cdots\cdots\cdots\cdots\cdots\cdots\cdots\cdots \quad (3\text{-}54)$$

$$y = f(I) \quad \cdots\cdots\cdots\cdots\cdots\cdots\cdots\cdots\cdots\cdots\cdots\cdots\cdots\cdots\cdots\cdots\cdots\cdots\cdots\cdots\cdots\cdots\cdots \quad (3\text{-}55)$$

となります。これは行列計算です。ニューラルネットワークではこれを複数層繰り返します。2層目の出力が、3層目の入力になり、3層目の出力が4層目の入力になり... というようにl層目の出力が$l+1$層目の入力になります。つまり、ニューラルネットワークやディープラーニングの正体はたくさんの行列計算になります。

ニューラルネットワークでは、ロジスティック回帰やSVMの時と同じように、適切な重みWを用例から学習することで、うまく分類を行ってくれる決定関数を求めます。出力層の活性化関数をロジスティック関数にすれば二値分類ができ、softmax関数にすれば多クラス分類が可能ですが、これを恒等関数（$f(I) = I$、つまり入力がそのまま出力になる関数）に設定することで、回帰も行えます。このときの損失関数には、**最小二乗誤差**を利用します。他にも活性化関数を工夫することで、出力を工夫することができます。

Wの学習は勾配降下法を使って求めます。これまで紹介したアルゴリズムではWはベクトルですが、ニューラルネットワークではWは行列ですから、計算がもっと複雑になります。革新的な重みの学習法、**誤差逆伝播法（バックプロパゲーション、backpropagation）**がこの計算を可能にしました。これは本書の範囲を超えるので省略しますが、興味のある人はぜひ調べてみてください。

単純パーセプトロンは第一次人工知能ブームにあたる1957年に考案されました。誤差逆伝播法は1980年代の第二次人工知能ブームに考案されました。2010年代から現在に至るAIブームは第三次ブームと言えるでしょう。

ニューラルネットワークのモジュール（sklearn.neural networkのMLPClassifierモジュール）もsklearnにあります。使い方は簡単です。これまでに解説してきた手法と同じように分類器を生成して、訓練データにfitさせるだけです。

```
>>> from sklearn.neural_network import MLPClassifier
```

```
>>> cl = MLPClassifier(hidden_layer_sizes=(3, ))
>>> cl.fit(train_X, train_y)  ## 学習
>>> cl.score(test_X, test_y)   ## 推論 (正解率を求める)
```

`hidden_layer_sizes` に中間層のユニット数を指定します。図 3.15 のようなネットワークでは中間層が 1 つで、そのユニット数が 3 なので (3,) と指定します。ユニット数が 3 の層をもう一つ増やした場合は (3,3) となります。同様にして、中間層はいくつでも増やせます。また入力層や出力層のユニット数は訓練データから自動的に得るために、指定する必要はありません。

いつものデータで実行したところ、二値分類だと 0.793、多クラス分類だと (3,) では警告が出たので (10,5) としましたが、約 0.47 になりました。

ディープラーニング

現在の自然言語処理は、**ディープラーニング（deep learning）** 技術を多く使うようになっています。しかし、ニューラルネットワーク自体は、古くからあるものです。単に多層にするということを昔の人は思いつかなかったのかというと、もちろんそうではありません。昔からかなり多層にすれば理論的には複雑な問題が解けるだろうということは予想がついていたのですが、ただ、それを実現する技術がなかったのです。

まず、ハードウェアの技術の進歩により、メモリが増え、計算能力が上がって、たくさんの行列計算が高速にできるようになってきました。また、大量の訓練データがなければ、大量の重みパラメータの学習は無理ですが、インターネットの発展によりデータが増え、入手可能な訓練データも格段に増えました。これらの技術の発展が、ディープラーニングの礎となっています。

ではアルゴリズムの発展はどこにあるのかというと、「勾配消失問題」の解決（または緩和）にあります。**勾配消失問題** とは、読んで字のごとく、勾配が消えてしまうという問題です。重みの学習は、損失関数が最小になるように、偏微分を行って勾配を求めて行っています。勾配

（傾き）が0のときが損失関数の値が最小になるからです。しかし、例えば図3.7のロジスティック関数の図を見てみると、勾配が0に近い部分があることが分かります。こうしたところでは、重みがほとんど更新されなくなります。

また、誤差逆伝播法では、誤差の分の勾配を逆向きに伝えていくことで重みを学習しているので、一カ所でも勾配消失を起こすとそこから先は学習が進まなくなり、層の数が増えるほど勾配消失を起こす確率が大きくなってしまうのです。そのため、ディープラーニングのようにかなり多層にしようとしても無理だったのでした。

これに対して、現在の技術では様々な工夫が行われています。まず、Relu関数[20]が活性化関数に登場しました。Relu関数の式は以下になります。

$$
\begin{cases}
f(I) = I & I \geq 0 \\
f(I) = 0 & I < 0
\end{cases}
\qquad\qquad \cdots\cdots\cdots\cdots\cdots\cdots\cdots\cdots\cdots\cdots\cdots\cdots \text{(3-56)}
$$

こうしておくと、入力が0より小さいときには，出力も傾きも0ですが、入力が1以上の時は、勾配が1になります。1をいくらかけても、勾配は小さくならないので消失しなくなります。また、**Batch Normalization**といって、バッチ（用例の集合）ごとに正規化を行う層を追加したり、**残差接続**といって、中間層の入力の値そのものをとっておいて、先の層に加算してしまうテクニックによって、勾配消失問題を回避できるようになってきました。

また、重み共有や勾配クリッピングと呼ばれる手法によって、勾配爆発（勾配消失の逆で、勾配が発散してしまう問題）も防げるようになってきました。

さらに、モデルが複雑になりすぎると、過学習の問題が深刻になりがちですが、この問題については**ドロップアウト**といって、多層ネットワークのニューロンを確率的に選別して学習を行う方法で回避しやすくなりました。

このように多層にすることが可能になると、ネットワークのつなげ方、すなわちネットワー

---

[20] レルー関数と読みます

クアーキテクチャの発展につながります。コンピュータビジョンの分野で花開いた、畳み込みというテクニックで特徴抽出を行う**畳み込みニューラルネットワーク**（**Convolutional Neural Network**、CNN）や、言語などの系列データに適用するように、出力を再帰的に入力するリカレントニューラルネットワーク（**Recurrent Neural Network**、RNN）がその代表例です。

　自然言語処理では、分散表現の発展ののち、文という可変長のデータを取り扱うことから、RNNが広く使われるようになりました。このネットワークも、前に入力した情報を忘れてしまうことから、様々な工夫が凝らされ、現在に至っています。これらについては4章と5章を参照してください。

3.8　半教師あり学習

　半教師あり学習（**semi-supervised learning**）とは、正解を一部のデータにだけ与えて学習する方法のことです。つまり、教師ありデータだけではなく、教師なしデータを利用して学習の精度を上げていきます。3.2節に、機械学習は教師あり学習、教師なし学習、強化学習の三つに大別できると書きました。半教師あり学習は、教師値のついたデータを利用しているので、あえて言えば教師あり学習の仲間です。使えるアルゴリズムも似ています。

　基本的に機械学習では、教師ありデータの量が増えれば、性能が上がっていくものです。しかし、教師ありデータを用意するには、コーパスに教師値の情報を追加する必要があります。このような処理を**アノテーション**といいます。アノテーションには人手が必要ですので、時間やお金の問題が出てきます。そのため、同じ性能が出るのなら、できるだけ少ないデータから学習できるに越したことはありません。そこで出てきたのが、教師なしデータを教師ありデータとあわせて活用しようという考え方です。

自己教示学習

　最も基本的な半教師あり学習が、**自己教示学習**（**self-taught learning**）です[21]。自己教示学

---

[21] 自己学習、self-training とも呼ばれます

習では、教師ありデータを利用して分類器のモデルを学習し、そのモデルを使って教師なしデータの分類を行います。そしてその推定されたラベルを正解とみなして再び学習を行い、モデルを作成します。

　具体的なアルゴリズムは以下になります。

1. N 件の教師ありデータ L で分類器 C を作成する

2. M 件（たいてい N ＞ M）の教師なしデータ U を分類器 C に適用してラベルの推定を行う

3. もともとの N 件の教師ありデータ L と、推定されたラベルを正解とみなした M 件の一部の m 件の疑似的な教師ありデータから新しい分類器 C を学習する

4. 性能が収束するまで、疑似的な教師ありデータの追加および新しい分類器の学習を繰り返し行う

　このアルゴリズムにはいくつかのバリエーションがあります。ひとつ目は、第一ステップにおいて、繰り返しの際に前回足した疑似的な教師ありデータを削除するやり方です。自己教示学習では、間違ったラベルのデータを正解として追加してしまうリスクがありますが、こうすることによって、全体の中で疑似的な正解データの割合が増えていかなくなるので、信頼性の低いデータを正解データとすることによる分類器の性能悪化を防ぐ目的があります。

　もうひとつは、第三ステップにおいて、m 件の疑似的な教師ありデータを追加するのではなく、その中の信頼性のあるデータを抽出して利用するやり方です。こうすることで、誤ったラベルのデータを訓練データに追加してしまう可能性は減ります。ただし、例えばもともとの訓練データのラベルに著しい偏りがあった場合には、量の多いラベルのデータと判定されることが多く、またその信頼度も高くなりがちになります。そのため、繰り返していくうちに、ます

ますラベルの偏りが深刻化していくリスクはなくなりません。

　いずれにせよ、自己教示学習は、今ある分類器の精度が高いことが前提となっています。特に、教師ありデータと教師なしデータのラベルの分布が異なっているときには、誤ったラベルをつけたデータが増えやすいので注意が必要です。

　また、データ追加の手法として、スロットリング、バランシング、プーリングが知られています。スロットリングは正解のデータにかかわりなく一定数を追加する手法、バランシングはすべての正解データをバランスを考えて一定数ずつ追加する手法、プーリングは第二ステップにおいて、M件のデータをモデルに適用するのではなく、そのうちの一部をランダムに選んで適用する手法です。こうすることで、追加データのラベルの偏りが減り、モデルの性能向上が期待できます。

　また、共学習（**co-training**）といって、学習に使う分類器を二つに増やしたバージョンもあります。三つの分類器を使う場合には、**トライトレーニング（tri-training）**といいます。複数の分類器を利用する場合には、ある分類器で推論したラベルを、別の分類器の次の学習データとする形をとります。そのとき、学習に利用する素性の種類を変えたり、アルゴリズムを変えたりしてそれぞれの分類器の相関を低くする工夫をすることが多くあります。利用する教師ありデータLと教師なしデータUは互いに同じであってもかまいませんが、違ってもかまいません。これらの手法は違う視点の分類器が互いに正解を教えあうことによる性能向上を目指しています。繰り返しの際には複数の分類器を作りますが、最終的な分類器を作成するときには、全データを利用してひとつの決定版の分類器を作ってもいいですし、多数決のようにして複数の分類器の結果を反映することも可能です。

Naive Bayes EM アルゴリズム

　さらに、ソフト自己教示学習といって、ラベルを付与する際にひとつのデータにひとつのラベルに決定するのではなく、確率で割り振ってラベル付けする手法もあります。たとえば、あるデータをラベル1にするのではなく、0.7の割合でラベル1、0.3の割合でラベル0に設定す

るやり方です。

　このやり方の特殊な例として、EM アルゴリズムを利用してデータを更新していく手法があります。EM アルゴリズムとは、期待値を求める処理（expectation）の E ステップと、最大化を行う処理（maximization）の M ステップを交互にすることで性能を向上させていく手法です。

　通常の EM アルゴリズムは教師データを使わずにランダムにつけられたラベルの状態から始めるため、教師なし学習に含まれますが、一部教師ありデータを利用することで半教師あり学習にすることが可能なのです。この手法を使うと、一度ラベル付けしたデータも再割り当てが行われる点が、通常のソフト自己教示学習とは異なります。

　この EM アルゴリズムを利用するソフト自己教示学習のうち、Naive Bayes に取り入れた手法を **Naive Bayes EM アルゴリズム（NBEM）** と呼びます。

　NBEM の M ステップは以下の式で表すことができます。

$$P(x_i|c_j) = \frac{1 + \sum_{k=1}^{|D|} N(x_i, d_k) P(c_j|d_k)}{|X| + \sum_{m=1}^{|X|} \sum_{k=1}^{|D|} N(x_m, d_k) P(c_j|d_k)} \qquad\qquad\qquad (3\text{-}57)$$

このとき、D はラベル付きデータとラベルなしデータを合わせたデータの集合、d_k は D 内のデータ、X は全素性の集合、x_m は X 内の素性、$N(x_i, d_k)$ が d_k 内の x_i の頻度です。この式は、

$$P(x_i|c_j) = \frac{\sum_{k=1}^{|D|} N(x_i, d_k) P(c_j|d_k)}{\sum_{m=1}^{|X|} \sum_{k=1}^{|D|} N(x_m, d_k) P(c_j|d_k)}$$

をスムージングした式で、もともとの式は、頻度 $N(x_i, d_k)$ を確率 $P(c_j|d_k)$ ずつ割り当ててラベリングしたものを正規化して確率にしています。

　また、E ステップは以下の式になります。

$$P(c_j|d_i) = \frac{P(c_j) \prod_{x_n \in K_{d_i}} P(x_n|c_j)}{\sum_{r=1}^{|C|} P(c_r) \prod_{x_n \in K_{d_i}} P(x_n|c_j)} \qquad\qquad\qquad (3\text{-}58)$$

ここで K_{d_i} は d_i 内の素性の集合です。この式は、Naive Bayes の節、3.3 節の式（3-8）の右辺を利用しています。分子は素性 x_n（$x_n \in K_{d_i}$）が与えられたときのクラス C になるなりやすさで、分母で割ることによって正規化して確率にしています。$P(c_j)$ は以下の式で計算できます。

$$P(c_j) = \frac{1 + \sum_{k=1}^{|D|} P(c_j|d_k)}{|C| + |D|} \quad\cdots\cdots\cdots\cdots\cdots\cdots\cdots\cdots\cdots\cdots\cdots\cdots\cdots\cdots\cdots\cdots \quad (3\text{-}59)$$

この式は

$$P(c_j) = \frac{\sum_{k=1}^{|D|} P(c_j|d_k)}{|D|}$$

をスムージングした式です。

　NBEM は、このようにして M ステップから初めて、収束するまで E ステップと M ステップを繰り返すことで、より良い確率にしていく手法です。

SelfTrainingClassifier モジュールによる自己教示学習

　sklearn には自己教示学習のモジュールも用意されています。semi supervised の SelfTrainingClassifier です。こちらは、教師ありデータと教師なしデータを使うので、教師ありデータのうちの一部のラベルをランダムに消したデータを用意し、そのデータを利用して例を示します。

　Naive Bayes の節で以下のようにして二値分類のデータを用意しました。

```
>>> features, labels=Make_dict('path/train.processed')
>>> train_X, train_y =
    Make_sample_vectors('path/train.processed', features, labels)
>>> test_X, test_y =
    Make_sample_vectors('path/test.processed', features, labels)
```

この後に教師ありデータのラベル（train_y）の一部をランダムに-1に置き換えることで、教師ありデータの一部のラベルをランダムに消したデータを作成します。

これにはnumpyというモジュールを利用します。これまでの分類器の作成はlist型を利用していたのですが、実はnumpyのnp.ndarray型でも同じように動作します。前処理を行うのがnumpyのほうが簡単なので、この節ではnp.ndarray型を利用します。list型からnp.ndarray型への変換は以下でできます。

```
>>> import numpy as np
>>> train_X_arr = np.array(train_X)
>>> train_y_arr = np.array(train_y)
>>> test_X_arr = np.array(test_X)
>>> test_y_arr = np.array(test_y)
```

その後、

```
>>> rng = np.random.RandomState(42)
>>> random_unlabeled_points = rng.rand(train_y_arr.shape[0]) < 0.3
>>> train_y_arr[random_unlabeled_points] = -1
```

一行目で乱数を生成させるためのオブジェクトを作り、二行目でrandモジュールによってtrain_y_arrの要素数分の乱数を発生させ、発生させた乱数の値が0.3より小さい場合はTrue、そうではないときにはFalseとなっているブール値の配列、random_unlabeled_pointsを作成します。つまり、random_unlabeled_pointsの要素数はtrain_y_arrの要素数と等しく、中はTrueかFalseです。また、乱数は正規分布にしたがって生成されているので、0.3より小さい場合にはTrueというこは、大体3割程度がTrueになるはずです。

次に三行目で、random_unlabeled_pointsの値がTrueの場合、データのラベルを-1に変更しています。具体的には、random_unlabeled_points[i]がTrueならrandom_unlabeled_points[i]は-1に置き換え、Falseならそのまま残す処理をしています。試しに-1に置き換

えたラベルの数を見てみると、

```
>>> np.sum(train_y_arr == -1)
615
```

615 件になっているので、全 2000 件のうち、約三分の一がラベルなしデータに変換されたことがわかります。つまり、

```
>>> np.sum(train_y_arr > -1)
1385
```

となり、ラベル付きの訓練データは 1385 件だけとなります。

　まず、この 1385 件による普通の SVM を学習して性能を見てみます。

```
>>> train_y_arr_new = train_y_arr[~random_unlabeled_points]
>>> train_X_arr_new = train_X_arr[~random_unlabeled_points]
>>> train_y_arr_new.shape
(1385,)
```

これで random_unlabeled_points の False の値のインデックスを持っているデータを抽出できますので、ラベルを消されなかった訓練データだけを抽出できます。このラベルを消されなかった訓練データだけで SVM を訓練する処理は以下です。

```
>>> from sklearn.svm import SVC
>>> cl = SVC(probability=True, kernel='linear')
>>> cl.fit(train_X_arr_new, train_y_arr_new)
>>> cl.score(test_X_arr, test_y_arr)
0.7645
```

自己教示学習を利用する場合には、推論の信頼性の予測値の確率が必要なので、probability オプションを True としています。若干パラメータは違いますが、SVM の節で 2000 件を使っ

たときの正解率が 0.767 でしたので、2000 件を使ったときと今回は、大体同じ正解率になりました。

それでは、1385 件の教師ありデータと、615 件の教師なしデータを利用した場合について、自己教示学習を行ってみます。

```
>>> from sklearn.semi_supervised import SelfTrainingClassifier
>>> svc = SVC(probability=True, kernel='linear')
>>> self_training_model = SelfTrainingClassifier(svc)
>>> self_training_model.fit(train_X_arr, train_y_arr)
>>> self_training_model.score(test_X_arr, test_y_arr)
0.763
```

615 件の教師なしデータを利用すると、ほんの少しだけ性能が落ちる結果となってしまいました。

ラベル伝播法

ラベル伝播法は、グラフベースの半教師あり学習です。**ラベル伝播法（label propagation）**と**ラベル拡散法（label spreading）**が有名ですが、ラベル拡散法をラベル伝播法として紹介している論文もあるので注意が必要です。本書では、sklearn の公式サイトに準じて、ラベル伝播法は（Zhu and Ghahramani, 2002）[22] の論文の手法、ラベル拡散法は（Zhou et al., 2004）[23] の論文の手法として紹介します。

まず、この手法を説明するためには、K 近傍法という手法を先に説明する必要があります。**K 近傍法**とは、用例同士の素性の類似度を計算して、上位 K 個の最も似ているデータを選び、そのデータのラベルから答えを決定する手法です。たとえば、K=1 の場合には、最も似ているデータをひとつだけ選び、そのラベルを答えます。K が複数の時には、単純に多数決を取るか、

---

[22] Xiaojin Zhu and Zoubin Ghahramani. Learning from labeled and unlabeled data with label propagation. Technical Report CMU-CALD-02-107, Carnegie Mellon University, (2002)

[23] Dengyong Zhou, Olivier Bousquet, Thomas Navin Lal, Jason Weston, Bernhard Schoelkopf. Learning with local and global consistency (2004)

または類似度を使って重みづけした多数決を行います。K 近傍法は全データとの類似度を計算する必要があるので、データ数が増えるとその分推論時間が比例して増えるという欠点がありますが、データ数が少ない際にも信頼性の高い結果を返してくれる、有効な手法です。

K 近傍法カーネルを用いたラベル伝播法は、重みづけを行った多数決による K 近傍法によく似ています。具体的なアルゴリズムは以下になります。

1. K 近傍グラフを構築する。ノードは用例であり、エッジには類似度が以下の式によって重みづけられている。この式はノード同士の素性によるユークリッド距離によるスコアである。

$$w_{i,j} = exp\left(-\frac{d_{i,j}^2}{\sigma^2}\right) = exp\left(-\frac{\sum_{d=1}^{D}(x_i^d - x_j^d)^2}{\sigma^2}\right) \quad \cdots\cdots\cdots\cdots\cdots\cdots\cdots (3\text{-}60)$$

なお、σ を変えることでスコアをコントロールする。

2. エッジの重みを要素とした遷移行列 T を作成する。具体的には $T_{i,j}$ は以下の式で表される。

$$T_{i,j} = P(j \to i) = \frac{w_{i,j}}{\sum_{k=1}^{l+u} w_{k,j}} \quad \cdots\cdots\cdots\cdots\cdots\cdots\cdots\cdots\cdots\cdots\cdots\cdots (3\text{-}61)$$

なお、$P(j \to i)$ は j から i に遷移する確率であり、l はラベル付きデータの数、u はラベルなしデータの数である。

3. ラベル行列 Y を作成する。Y は $(l+u) \times C$ の行列であり、その (i, j) 要素は i 番目の用例がクラス j であれば 1、そうでなければ 0 である。ラベルなしデータについてはランダムに初期化を行う。

4. $Y \leftarrow TY$ によりラベルを伝播させる。

5. Y の行を正規化して確率として扱えるようにする。

6. もともとのラベル付きデータについては変化させず、ラベルを据え置きにする。

7. ステップ 4 からステップ 6 を収束するまで繰り返す。

ラベル拡散法はラベル伝播法によく似ていますが、遷移行列と据え置きのやり方が異なります。具体的なアルゴリズムは以下になります。

1. K 近傍グラフを構築する。ノードは用例である。

2. 遷移行列 T を作成する。具体的には $T_{i,j}$ は以下の式で表される。

$$T_{i,j} = exp\left(-\frac{\|x_i - x_j\|^2}{2\sigma^2}\right) \quad\text{………………………………………………………………} \quad (3\text{-}62)$$

なお、σ を変えることでスコアをコントロールする。また、この式は i と j が異なるときの式であり、$T_{i,i} = 0$ とする。

3. ラベル行列 Y を作成する。Y は $(l + u) \times C$ の行列であり、その (i, j) 要素は i 番目の用例がクラス j であれば 1、そうでなければ 0 である。ラベルなしデータについてはランダムに初期化を行う。

4. 行列 $S = D^{-1/2} T^{-1/2}$ を作成する。なお、D は対角行列で、その (i, i) 成分は、T の i 行目の値の和である。

5. $F(t+1) = \alpha SF(t) + (1 - \alpha)Y$ を行う。なお、$F(t=0) = Y$ である。α は 0 から 1 の間になる。この式は、もともとのラベル付きデータについては一部変化させず、ラベルを据え置きにしている。この際にどの程度変化を許すかというパラメータが α である。たとえば、$\alpha = 0.2$ のときには 2 割のラベル付きデータのラベル変更を許す。

6. ステップ 5 を収束するまで繰り返す。

なお、ラベル拡散法はラベル伝播法に比べてノイズに強いことが知られています。

LabelPropagation モジュールと LabelSpreading モジュールによるラベル伝播

sklearn にはラベル伝播のモジュールも用意されています。semi_supervised の LabelPropagation と LabelSpreading です。まず、自己教示学習と同様に、教師なしデータを教師ありデータからランダムにラベルを消すことによって作成します。以下です。

```
>>> import numpy as np
>>> train_X_arr = np.array(train_X)
>>> train_y_arr = np.array(train_y)
>>> test_X_arr = np.array(test_X)
>>> test_y_arr = np.array(test_y)
>>> rng = np.random.RandomState(42)
>>> random_unlabeled_points = rng.rand(train_y_arr.shape[0]) < 0.3
>>> labels = np.copy(train_y_arr)
>>> labels[random_unlabeled_points] = -1
```

このようにして、訓練データとテストデータを numpy の np.ndarray 型に変換し、発生させた乱数が 0.3 より小さい場合のインデックスをもつデータのラベルを −1 に変更したものを

labels に入れています。自己教示学習のときのように train_y_arr のラベルを直接書き換え
ず labels にコピーしてから書き換えているのは、train_y_arr のラベルを後で答え合わせに
使うからです。

　ラベル伝播は以下のように行います。まずはラベル伝播法です。

```
>>> from sklearn.semi_supervised import LabelPropagation
>>> label_prop_model = LabelPropagation(kernel='knn', n_neighbors=3)
>>> label_prop_model.fit(train_X_arr, labels)
>>> label_prop_model.score(train_X_arr, train_y_arr)
0.726
```

　カーネルはデフォルト値ではガウシアンカーネル（'rbf'）となっています。ただ、今回の
データをガウシアンカーネルで実行するとノーマライザーの警告が出ました。警告を抑えるた
めにはガウシアンカーネルのときにはオプションの（gamma）を小さくすれば出にくくなりま
す。また、KNN カーネルのときには近傍の数（n_neighbors）を大きくすれば出にくくなり
ます。いろいろ試した結果、警告が出ない中でラベル伝播の結果がもともとの train_y_arr
に最も近かったのが上記の設定でした。正解率は 72.6% です。

　さらに、このラベル伝播で推定したラベルを正解とみなして、SVM を学習してみます。

```
>>> train_y_arr2=label_prop_model.predict(train_X_arr)
>>> from sklearn.svm import LinearSVC
>>> cl=LinearSVC(C=1000)
>>> cl.fit(train_X_arr, train_y_arr2)
>>> cl.score(test_X_arr, test_y_arr)
0.642
```

62.4% の正解率となりました。念のためラベルが残っている訓練データの数を確認してみます。

```
>>> np.sum(labels > -1)
1385
```

自己教示学習のときと同様に 1385 件でした。つまり上記の結果は、教師ありデータが 1385 件と、教師なしにラベル伝播法で推定したラベルが（2000-1385=）615 件の合計 2000 件で訓練した結果だということです。

　これに対し、比較のためにラベルなしデータを利用せず、1385 件の教師ありデータだけで SVM を訓練してみます。

```
>>> train_y_arr[~random_unlabeled_points]
>>> train_X_arr_new = train_X_arr[~random_unlabeled_points]
>>> cl=LinearSVC(C=1000)
>>> cl.fit(train_X_arr_new, train_y_arr_new)
>>> cl.score(test_X_arr, test_y_arr)
0.7645
```

このようにしてデータを抽出して SVM で学習してみると、76.45% となりました。このデータに関しては、ラベル伝播法でラベルなしデータを推定して学習に使うことで、10 ポイント以上正解率を下げてしまったことになります。

　次に、ラベル拡散法を試してみます。ラベル伝播の処理は以下のように行います。

```
>>> from sklearn.semi_supervised import LabelSpreading
>>> label_prop_model =  LabelSpreading(kernel=' knn' , n_neighbors=3)
>>> label_prop_model.fit(train_X_arr, labels)
>>> label_prop_model.score(train_X_arr, train_y_arr)
0.717
```

ラベル拡散法は、ラベル伝播法よりもノイズに強いはずですが、今回はラベル伝播の性能に関し、ラベル拡散法がわずかにラベル伝播法を下回りました。

　このラベル伝播したラベルの結果を正解とみなして SVM で学習すると、

```
>>> train_X_arr2=label_prop_model.predict(train_X_arr)
>>> cl=LinearSVC(C=1000)
>>> cl.fit(train_X_arr, train_y_arr2)
```

```
>>> cl.score(test_X_arr, test_y_arr)
0.642
```

64.2% となり、ラベル伝播法と同じ結果になりました。

このデータに関しては、ラベル拡散法も、教師なしデータを利用しない時よりも 10 ポイント以上正解率を下げてしまったことになります。程度の差こそありますが、Naive Bayes でもロジスティック回帰でもラベル伝播を行うと正解率は落ちてしまいました。

半教師あり学習の際のラベル推定の正解率が 7 割程度では、ノイズが増えてしまい、かえって分類性能を落としてしまうことに注意が必要です。

ディープラーニングとともに使われる半教師ありの手法

ディープラーニングについての説明は後の章になりますが、ディープラーニングとともに使われる半教師ありの手法について先に説明しておきます。この節では、

- word2vec の使用
- fine-tuning
- マルチタスク学習（半教師あり学習ではない）
- 半教師あり GAN

を紹介します。

まず、word2vec は文書のクラスが分からなくても学習することができるので、アノテーションされていないコーパスから学習することができます。そのため、word2vec を素性に使うことで、ラベルなしデータの恩恵にあずかっているといえますから、word2vec を素性に使う手法は、一種の半教師あり学習とみなすことができます。このとき、word2vec の学習に使うデータを文書分類のテストデータの対象文書に近い分野の文書とすることで、文書分類の性能

向上が期待できます。

3.2節で、機械学習の目的は、訓練データの正解率を上げることではなく、未知のテストデータの正解率を上げることであると説明しました。したがって、より多くのデータを入手できればシステムの性能向上に近づきますし、特にテストデータに近いデータが手に入れば、より一層の性能向上が期待できます。

テストデータの情報は多ければ多いほど学習には有利なので、ラベルのないデータがあらかじめ与えられ、その素性の分布などが先にわかっている状態のデータのラベルを推定するのは、全く未知のデータのラベルを推定するよりも簡単になります。これは、半教師あり学習のラベル推定が一般的な学習のラベル推定より容易であるという考えにつながります。このように、半教師あり学習のもともと持っているラベルなしデータの予測だけを行い、新規のデータのラベルの予測をしない場合のことを**トランスダクティブ学習**と呼びます。

次に、ディープラーニングを含むニューラルネットワークによる学習では、**fine-tuning（ファインチューニング）** によって性能を向上させることができます。fine-tuning は、ニューラルネットワークの重みパラメータの初期値として別のモデルのために学習した重みパラメータを設定することにより、モデルの性能を上げる手法です。例えば、文書分類を行うネットワークを作成する際に、例えば文中の次の単語を予測するモデルの重みパラメータを初期値として設定することができます。文中の次の単語を予測するタスクでは、文書のクラスはわかっていなくてもいいので、文書分類というタスクから見ると、教師なしデータの恩恵にあずかっているといえます。次の単語を予測するタスク自体は、「次の単語」という教師つきデータが必要なので教師あり学習で解く必要がありますが、アノテーションが必要のないデータなので大量に集めることができます。実は本書の後半に出てくる事前学習モデルの考え方は、この事実に注目し、大量のデータによる大規模モデルを学習させて、その重みパラメータを初期値として使う fine-tuning を利用することで、飛躍的に性能を上げたものです。

また、これは半教師あり学習の仲間ではありませんが、例えば本について書かれたレビューなのか、CD について書かれたレビューなのかといった文書分類と、レビューがポジティブか

ネガティブかを分ける文書分類を同じニューラルネットワークから分岐させる形で、一部の重みを共有して学習する手法を**マルチタスク学習（multitask learning）**といいます。こちらも、両方のタスクを教師あり学習によって解く必要がありますが、目的となっている文書分類タスクの教師ありデータ以外の別のデータを使ってモデルの性能を上げる手法です。なお、fine-tuning もマルチタスク学習も、もともとの目的のタスクとそれを補佐する関係にあるタスクが十分に似通っている必要があります。

　最後に、**敵対的学習（adversarial training）**という学習方法を紹介します。敵対的学習は、**敵対的生成ネットワーク**（generative adversarial network, GAN）というニューラルネットワークとともに発表されました。これは、生成器と識別器という二つのネットワークを使用する方法です。生成器はできるだけ本物そっくりのサンプルを生成するモデルで、GAN の目的はこの生成器の性能を上げることです。これに対して、識別器は生成器で作った偽物のサンプルと、与えらえた本物のサンプルを見分ける機能を持っています。GAN の仕組みはしばしば贋金づくりにたとえられます。生成器は贋金を作り、識別器は贋金を見分けるべくその腕を切磋琢磨して磨くため、両方のネットワークを学習することでその性能をあげる手法です。GAN 自体は生成器の性能を上げることを目的としていますが、これを半教師あり学習に拡張した半教師あり GAN という手法があります。こちらは、識別器を分類器とひとつにして、クラスのラベルと偽物かどうかを当てていきます。こうすることで、半教師ありの設定で、GAN を利用して分類器の性能を上げることができます。

能動学習

　教師なしデータを併用するにあたって、これまで説明した半教師あり学習では、教師ありデータを利用して自動的にラベルを推定して利用します。これに対して、機械学習の最中に人手でラベルづけをして精度を上げる手法は**能動学習（active learning）**といいます。能動学習では、教師ありデータでモデルを作成したのち、教師なしデータを適用してみて、モデルが判断に迷った用例について人手でラベル付けを行い、その新たにラベル付けしたデータをもともとあっ

た教師ありデータに追加して学習を行うことを繰り返す手法です。

　具体的なアルゴリズムは以下になります。

1. 教師ありデータ L で分類器 C を作成する

2. 教師なしデータ U を分類器 C に適用してラベルの推定を行う

3. U のうち、分類器のつけたラベルの信頼性が低いと思われるデータ集合 Selected（U）を選択する

4. Selected（U）に人手でラベルを付け、教師ありデータに追加して学習を行う。つまり、n 回目の学習の教師ありデータを L(n)、教師なしデータを U(n) とおくと、L (n + 1) = L (n) + Selected (U) かつ U (n + 1) = U(n) − Selected(U) となる

5. 性能が収束するまで上記を繰り返す

　モデルが判断に迷ったデータを判別するためには、例えば SVM であれば超平面からの距離を利用したり、ロジスティック回帰では softmax 関数やロジスティック関数の出力した確率から判断します。

　人手によってラベル付けするので、毎回ラベル付けするデータの数はあまり多くなりませんが、すべてのラベルなしデータをやみくもにラベル付けするよりも、効率的にラベルをつけることができます。ただし、学習の際にラベル付けできる人手を必要とする点と、学習時間が長すぎるとラベル付けする人にとって負担になる点を考慮する必要があります。

第4章

系列ラベリング問題

4.1 系列ラベリング問題とは

データの系列 $x = \{x_1, x_2, \cdots, x_n\}$ を入力として、ラベルの系列 $y = \{y_1, y_2, \cdots, y_n\}$ を出力する問題を系列ラベリング問題といいます。データ x_i に対するラベルが y_i となります。

系列ラベリング問題はデータ x_i を入力として[1]ラベル y_i を出力する分類問題として考え、n 個の分類問題を解くことでも解決できそうですが、それは良い方法ではありません。そのような形で解いた場合 y_i と y_{i+1} は独立に求められる形となり y_i と y_{i+1} の関係を利用していません。実際に系列ラベリング問題では y_i と y_{i+1} にはある種の関係があり、その関係も考慮に入れて、ラベルの系列 $y_1, y_2, \cdots, y_n$ 全体が適切な系列になるような解を求めます。

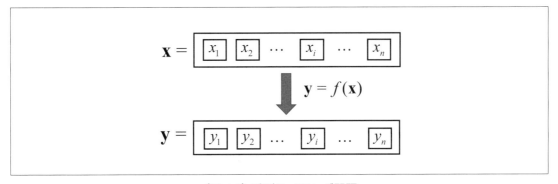

〔図 4.1〕系列ラベリング問題

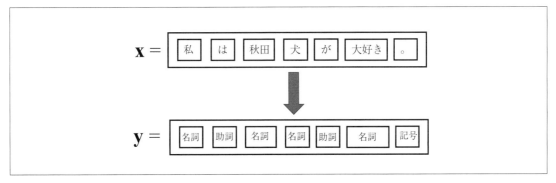

〔図 4.2〕系列ラベリング問題による品詞タガー

---

[1] 実際は x_i に前後のデータ加えて入力を作ります。例えば、前後2データずつを加えて $x_{i-2}, x_{i-1}, x_i, x_{i+1}, x_{i+2}$, としたデータが入力となります。

　自然言語処理では入力が文、つまり単語の系列となっているタスクが多くあります。そして
そのタスクが入力の各単語にラベルをつける問題として定式化できる場合も多くあります。こ
のような場合、そのタスクを系列ラベリング問題とみなして解くことができます。例えば品詞
タガーは単語列を入力とし、入力の各単語の品詞からなる品詞列を出力する 系列ラベリング
問題と見なせます。

４.２　系列ラベリング問題のタスク

　前述したように品詞タガーは系列ラベリング問題と見なせるタスクです。その他、単語分割

〔図4.3〕単語分割

〔図4.4〕系列ラベリング問題による単語分割

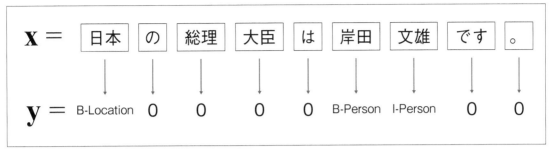

〔図 4.5〕系列ラベリング問題による固有表現抽出

や固有表現抽出が代表的な系列ラベリング問題のタスクです。

4.2.1 単語分割

入力文を単語分割するタスクは、入力文中に単語区切りの記号を適当に挿入する問題とみなせます（図 4.3 参照）。

そこで入力文を文字の系列とみなし、各文字に対してその文字の後に単語区切りの記号を入れる（ラベル 1）か入れない（ラベル 0）かのラベルを付与する問題と考えることで、単語分割は系列ラベリング問題と見なせます（図 4.4 参照）。

4.2.2 固有表現抽出

固有表現抽出とは文中の固有表現を抽出するタスクです。固有表現とは、実質、あるカテゴリーをもつ単語や複合語のことを指します。例えば人名というカテゴリーなら「太郎」や「鈴木一郎」や「アインシュタイン」などが人名の固有表現となります。

今、カテゴリーとして人名を文中から取り出すことを考えてみます。この場合、文中の各単語に人名の開始のラベル（B-Person）、人名内のラベル（I-Person）あるいは人名とは無関係のラベル（O）を付与すればよいです。実際に文中の各単語にこれらのラベルが付与されていれば、そこから人名を取り出すことは容易です。またラベルの種類を増やすことで、同時に様々なカテゴリーの固有表現を抽出することができます（図 4.5 参照）。

4.3　系列ラベリング問題の解法

　系列ラベリング問題はデータの系列 $x = \{x_1, x_2, \cdots, x_n\}$ を入力として、ラベルの系列 $y = \{y_1, y_2, \cdots, y_n\}$ を出力する問題ですが、この問題を解決するには概ね以下の3つの問題を解決しなくてはいけません。

　まず1番目の問題は個々のデータ x_i をどのようなベクトルで表現するかです。これは対象のタスクを解くのに有効そうな特徴を次元に対応させてベクトル化するのが基本です。2番目の問題は $y = f(x)$ となるような関数 f をどのように構築するかです。そして3番目の問題は関数 f を利用して入力系列 x から $f(x)$ をどのように計算するかです。第2の問題は学習、第3の問題は推論と呼ばれています。

　通常の分類問題の場合、推論が問題になることはないのですが、系列ラベリング問題の場合は 少し事情が異なります。系列ラベリング問題の場合、直接 y を求める関数を学習するのではなく、各データ x_i がラベル c_k になる確率を求める関数を学習するからです。つまりラベル

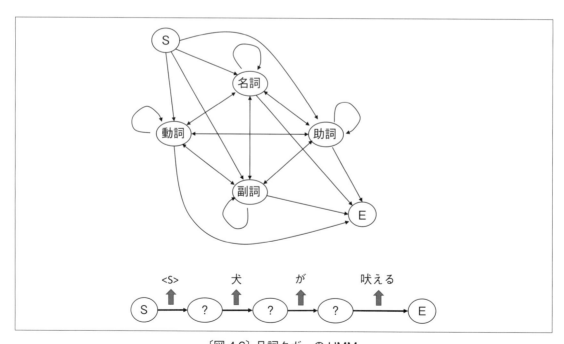

〔図 4.6〕品詞タガーの HMM

の集合を $L = \{c_1, c_2, \cdots, c_K\}$ としたとき、学習によって得られる関数は入力がデータの系列 $x = \{x_1, x_2, \cdots, x_n\}$ であり、出力が $n \times K$ の行列 A です。行列 A の i 行 j 列の要素はデータ x_i がラベル c_k になる確率 $p(c_k|x_i)$ となります。推論ではまず学習によって得られた関数を利用して行列 A を算出します。次にこの行列 A から最終的な出力であるラベルの系列 y を求めます。A から y を求めるために、動的計画法の一種である ビタビアルゴリズムを用います。

x から A を求める関数を構築するには機械学習の手法を利用します。構築する関数をパラメトリックな関数（パラメータを含む関数）で表現し、訓練データ（入出力のデータ）を利用してそのパラメータを推定します。ここでのパラメトリックな関数は一般にモデルと呼ばれます。そして、通常、このモデル名が手法名を表すことになります。

系列ラベリング問題に対してディープラーニング出現前の手法としては、HMM（Hidden Markov Models、隠れマルコフモデル）と CRF（Conditional Random Field、条件付き確率場）が代表的です。ディープラーニング出現後では LSTM（Long Short-Term Memory）をベースとしたものと事前学習済みモデルをベースとしたものに大別できます。

4.3.1 HMM

HMM は有限次元オートマトンに確率を付与したモデルです。系列ラベリング問題を扱うときにはオートマトンの状態をラベルに設定します。

図 4.6 は品詞タガーを扱う HMM の例です。状態である品詞には「名詞」「動詞」「助詞」「副詞」及び開始記号である「S」と終了記号である「E」の 6 種類を設定しています。HMM では仮想的なエージェントが状態「S」から出発し、いくつかの状態間を移動して、最終的に状態「E」に到着します。そして状態間を移動する際に単語 w を出力します。HMM ではエージェントが「S」から「E」に至るまでに出力した単語列 $w_0, w_1, \cdots, w_m$ が観測されます。この観測された単語列からエージェントがどのような状態を辿ってきたかを 推定することで、各単語 w_i に品詞を付与することができます。

この推定が可能であるのは、HMM では状態 S_i から状態 S_j に移動する確率 $p(S_j|S_i)$ とその移

動する際に単語 w を出力する確率 $p(w|S_i)$ を保持しているからです。つまり出力の単語列から辿ってきた状態の列を推定する問題は、その単語列が出力される確率が最大になるような、状態の列を推定する問題となります。これは前述したように組み合わせ最適化の問題となり、ビタビアルゴリズムで解くことができます。

　問題は $p(S_j|S_i)$ や $p(w|S_i)$ をどのように設定するかです。この設定が HMM における学習になります。この学習は EM アルゴリズムを用いることで行えます。

　Python で HMM を試せるツールとしては hmmlearn があります。以下のように簡単にインストールできます。

```
> pip install hmmlearn
```

　以下に hmmlearn を使って簡単な品詞タガーを作ってみます。

　まずラベルとなる品詞と入力系列の要素となる単語を設定します。

```
>>> pos = ['S', 'E', '名詞','動詞','副詞','助詞']
>>> vocab = ['S', 'E', '私','犬','は','を','愛す','飼う', '去年','いつも']
```

　次に確率 $p(S_j|S_i)$ と確率 $p(w|S_i)$ の初期値を設定します。

　確率 $p(S_j|S_i)$ は t_mat として以下のように設定しました。

```
>>> import numpy as np
>>> t_mat = np.array([
    [0.0, 0.0, 0.6, 0.0, 0.4, 0.0],
    [1.0, 0.0, 0.0, 0.0, 0.0, 0.0],
    [0.0, 0.0, 0.0, 0.0, 0.4, 0.6],
    [0.0, 1.0, 0.0, 0.0, 0.0, 0.0],
    [0.0, 0.0, 0.4, 0.4, 0.2, 0.0],
    [0.0, 0.0, 0.3, 0.4, 0.3, 0.0]
])
```

S_i は状態（ラベル）なので、この場合は品詞です。以下のように対応しています。

```
S_0 = S,    S_1 = E,   S_2 = 名詞 ,
S_3 = 動詞 , S_4 = 副詞 , S_5 = 助詞
```

そして確率 $p\,(S_j|S_i)$ は 6×6 の行列で表現できます。これが上記の t_mat です。例えば確率 $p\,($ 助詞 $|$ 名詞 $)$ は $p\,(S_5|S_2)$ であり、t_mat では 3 行 6 列目の要素に対応するので 0.6 となっています。

次に確率 $p\,(w|S_i)$ の初期値を設定します。これは e_mat として以下のように設定しました。

```
>>> e_mat = np.array([
    [1.0, 0.0, 0.0, 0.0, 0.0, 0.0, 0.0, 0.0, 0.0, 0.0],
    [0.0, 1.0, 0.0, 0.0, 0.0, 0.0, 0.0, 0.0, 0.0, 0.0],
    [0.0, 0.0, 0.5, 0.5, 0.0, 0.0, 0.0, 0.0, 0.0, 0.0],
    [0.0, 0.0, 0.0, 0.0, 0.0, 0.0, 0.5, 0.5, 0.0, 0.0],
    [0.0, 0.0, 0.0, 0.0, 0.0, 0.0, 0.0, 0.0, 0.5, 0.5],
    [0.0, 0.0, 0.0, 0.0, 0.5, 0.5, 0.0, 0.0, 0.0, 0.0]
])
```

e_mat の行が S_i、列が w を表します。w は vocab の要素なので、この例の場合 10 種類です。以下のように対応しています。

```
w_0 = S,  w_1 = E,  w_2 = 私 ,  w_3 = 犬 ,  w_4 = は ,
w_5 = を , w_6 = 愛す ,  w_7 = 飼う , w_8 = 去年 ,  w_9 = いつも
```

結局 e_mat は 6×10 の行列となります。例えば確率 $p\,($ 犬 $|$ 名詞 $)$ は $p\,(w_3|S_2)$ であり、e_mat では 3 行 4 列目の要素に対応するので 0.5 となっています。ここでの w は名詞が 2 つ (' 私 ' と ' 犬 ') しかないので、名詞の状態から出力される単語はこの 2 つのどちらかなので、0.5 となっています。結局、e_mat の初期値は品詞辞書に対応するものです。

これらを用いてモデルを設定します。

```
>>> from hmmlearn import hmm
>>> model = hmm.MultinomialHMM(n_components=len(pos),
                               transmat_prior=t_mat,
                               params='e',
                               init_params='t',
                               n_iter=20)

>>> model.emissionprob_ = e_mat
```

params='e' は訓練時に更新されるパラメータが e_mat であることを示し、init_params='t' はトレーニング前に初期化されるパラメータが e_mat であることを示しています。

次に訓練データを作ります。まずもとになる文を作ります。ここでは以下の5つの文を作りました。

```
>>> s1 = "S 私 は 犬 を 愛す E"
>>> s2 = "S 去年 犬 を 飼う E"
>>> s3 = "S 犬 は 私 を 愛す E"
>>> s4 = "S 去年 私 は いつも 犬 を 飼う E"
>>> s5 = "S いつも いつも 犬 を 愛す E"
```

ここから以下のようにして訓練データ X を構築します。

```
>>> X, lens = [], []
>>> for s in [s1, s2, s3, s4, s5]:
        slist = s.split()
        X += [ vocab.index(w) for w in  slist]
        lens.append(len(slist))
>>> X = np.array(X).reshape(-1,1)
```

訓練データ X は訓練データの各文を連結し1つの長い文とし、その文内の単語のインデックスをベクトルにした行列になっています。つまり、X は訓練データ中の単語数を n とすると $n \times 1$ の行列です。また変数 lens で各文の長さを保存しています。

学習は次の1行です。

```
>>> model.fit(X,lengths=lens)
```

以下の文でテストしてみます。

```
>>> ts = "S 犬 は いつも 私 を 愛す E"
```

以下でモデルに入力できる構造に直します。

```
>>> ts = [ vocab.index(w) for w in ts.split() ]
>>> ts = np.array(ts).reshape(-1,1)
```

以下でテスト文に対する推論が行えます。

```
>>> ans = model.predict(ts)
>>> print([pos[p] for p in ans ])
```

以下のような結果が得られます。

```
['S', '名詞', '助詞', '副詞', '名詞', '助詞', '動詞', 'E']
```

4.3.2 CRF

CRF は対数線形モデルの一種であり、以下の式でモデル化されます[2]。

---

[2] 式 (3-27) の x^k が $w \cdot \phi(x, y)$ と置き換わった式と同じです。

$$p(\boldsymbol{y}|\boldsymbol{x}) = \frac{1}{Z_{x,w}} \exp(w \cdot \phi(\boldsymbol{x}, \boldsymbol{y})) \quad \cdots\cdots\cdots\cdots\cdots\cdots\cdots\cdots\cdots\cdots\cdots\cdots\cdots (4\text{-}1)$$

$$Z_{x,w} = \sum_{y} \exp(w \cdot \phi(\boldsymbol{x}, \boldsymbol{y})) \quad \cdots\cdots\cdots\cdots\cdots\cdots\cdots\cdots\cdots\cdots\cdots (4\text{-}2)$$

モデルのパラメータは重みベクトル w です。これは $\phi(\boldsymbol{x}, \boldsymbol{y})$ から出力されるベクトルの各次元への重みとなっています。$\phi(\boldsymbol{x}, \boldsymbol{y})$ は $\boldsymbol{x}$ と $\boldsymbol{y}$ を入力として K 種類の素性、つまり K 次元ベクトルを出力する関数です。k 番目の素性（k 次元目の値）を作る関数を ϕ_k とすると、$\phi(\boldsymbol{x}, \boldsymbol{y})$ は以下のように表せます。

$$\phi(\boldsymbol{x}, \boldsymbol{y}) = (\phi_1(\boldsymbol{x}, \boldsymbol{y}), \phi_2(\boldsymbol{x}, \boldsymbol{y}), \cdots, \phi_K(\boldsymbol{x}, \boldsymbol{y})) \quad \cdots\cdots\cdots\cdots\cdots\cdots (4\text{-}3)$$

CRF の 1 つのポイントは ϕ_k を以下の形に限定している点です[3]。

$$\phi_k(\boldsymbol{x}, \boldsymbol{y}) = \sum_{t} \phi_k(\boldsymbol{x}, t, y_t, y_{t-1}) \quad \cdots\cdots\cdots\cdots\cdots\cdots\cdots\cdots\cdots\cdots (4\text{-}4)$$

このためモデルである $p(\boldsymbol{y}|\boldsymbol{x})$ は以下の式で表せます。

$$p(\boldsymbol{y}|\boldsymbol{x}) = \frac{1}{Z_{x,w}} \exp\left(\sum_{t} w \cdot \phi(\boldsymbol{x}, t, y_t, y_{t-1})\right) \quad \cdots\cdots\cdots\cdots\cdots (4\text{-}5)$$

$$Z_{x,w} = \sum_{y} \exp\left(\sum_{t} w \cdot \phi(\boldsymbol{x}, t, y_t, y_{t-1})\right) \quad \cdots\cdots\cdots\cdots\cdots (4\text{-}6)$$

---

[3] 厳密には、この仮定を持った CRF を Linear-chain CRF と呼びます。一般に CRF というときは Linear-chain CRF のことです。

学習によって重みベクトル w が求まっていれば、x に対する系列 y^* を求める推論の処理は以下の式により行えます。

$$y^* = \arg\max \left(\sum_t w \cdot \phi(x, t, y_t, y_{t-1}) \right) \quad \text{..} \quad (4\text{-}7)$$

この形であれば HMM と同じように y^*（の近似解）はビタビアルゴリズムを使って求めることができます。

　CRF の難しいところはこの $\phi_k(x, t, y_t, y_{t-1})$ の部分です[4]。これは素性関数と呼ばれるもので、概略、系列データ中の t 番目のデータ x_t とそのラベル y_t との条件を表したもので、その条件が成立していたら 1 を成立していなければ 0 を返す関数となっています。

　例えば以下のような系列データが与えられたとします。

```
田中      名詞       B-PER
さん      接尾       O
は        助詞       O
茨城      名詞       B-ORG
大学      名詞       I-ORG
の        助詞       O
学生      名詞       O
です      助動詞     O
。        句点       O
```

　これは 1 行が 1 データとなっており、第 i 行目の 1 列目が x_i の表記、2 列目が x_i の品詞、3 列目が y_i となっています。例えば x_4 は [表記 : 茨城 , 品詞 : 名詞] で $y_4 = $ B-ORG です。

　ここで ϕ_1 を「表記が "茨城" かつラベルが B-ORG」という条件に設定したとします。この場合、$\phi_1(x, 1, y_1, y_0) = 0$、$\phi_1(x, 2, y_2, y_1) = 0$、$\phi_1(x, 3, y_3, y_2) = 0$、$\phi_1(x, 4, y_4, y_3) = 1$、$\phi_1(x, 5, y_5, y_4) = 0$、$\cdots$、$\phi_1(x, 9, y_9, y_8) = 0$ となり、$\phi_1(x, y) = 1$ となります。また ϕ_2 を「品詞が "助詞" かつラ

---

[4] もちろん最も難しいのは学習アルゴリズムの部分ですが、その部分は既存のものを利用するのが前提です。

ベルが O」という条件に設定したとします。この場合、$\phi_2(\boldsymbol{x}, 1, y_1, y_0) = 0$、$\phi_2(\boldsymbol{x}, 2, y_2, y_1) = 0$、$\phi_2(\boldsymbol{x}, 3, y_3, y_2) = 1$、$\phi_2(\boldsymbol{x}, 4, y_4, y_3) = 0$、$\phi_2(\boldsymbol{x}, 5, y_5, y_4) = 0$、$\phi_2(\boldsymbol{x}, 6, y_6, y_5) = 1$、$\cdots$、$\phi_2(\boldsymbol{x}, 9, y_9, y_8) = 0$ となり、$\phi_2(\boldsymbol{x}, \boldsymbol{y}) = 2$ となります。つまり $\phi(\boldsymbol{x}, \boldsymbol{y})$ は以下の形になります。

$$\phi(\boldsymbol{x}, \boldsymbol{y}) = (1, 2, \phi_3(\boldsymbol{x}, \boldsymbol{y}), \cdots, \phi_K(\boldsymbol{x}, \boldsymbol{y}))$$

上記の ϕ_1 や ϕ_2 の作り方から分かるように、ϕ_k は訓練データから構築するものです。そして、通常、訓練データから ϕ_k を構築する関数が必要になります。この関数はテンプレートと呼ばれます。このテンプレートがラベルの識別を行う際に、どのような特徴に注目するかを定める部分に相当します。このため CRF の優劣を決めるのはテンプレートの設計となります。

Python で CRF を試せるツールとしては sklearn-crfsuite があります。これも以下のように簡単にインストールできます。

```
> pip install sklearn_crfsuite
```

利用方法は sklearn-crfsuite の以下の HP にある Tutorial が参考になります。

https://sklearn-crfsuite.readthedocs.io/en/latest/

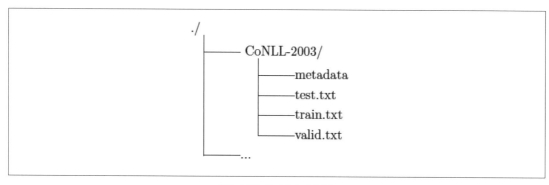

〔図 4.7〕CoNLL-2003

Tutorial では CoNLL-2002 のスペイン語の固有表現抽出を行っていますが、ここでは CoNLL-2003 の英語の固有表現抽出を行ってみます。

　まず CoNLL-2003 のデータセットを以下の URL からダウンロードします。

https://data.deepai.org/conll2003.zip

　CoNLL-2003 というディレクトリを作り、そのディレクトリに下に conll2003.zip を展開します。metadata、test.txt、train.txt、valid.txt の 4 つのファイルがディレクトリ CoNLL-2003 の下にできます（図 4.7 参照）。

　train.txt が訓練データ、test.txt がテストデータです。どちらも同じ形式で記述されています。その形式ですが各文が 1 単語 1 行の形で記述されています。つまり第 i 行が系列データの x_i に対応する形です。また文の最後は空行となっています。単語を表す各行はスペース区切りの 4 列で、1 列目は単語表記、2 列目は品詞、3 列目はチャンク、4 列目は固有表現のタグになります。例えば train.txt にある 1 番目の文は "EU rejects German call to boycott British lamb." という文ですが、この文は以下のような形で記されます。

```
EU NNP B-NP B-ORG
rejects VBZ B-VP O
German JJ B-NP B-MISC
call NN I-NP O
to TO B-VP O
boycott VB I-VP O
British JJ B-NP B-MISC
lamb NN I-NP O
. . O O
```

　3 列目のチャンクはここでは利用しません。4 列目のタグがここでの固有表現抽出のためのラベルです。固有表現は PER（人名）、LOC（地名）、ORG（組織名）、MISC（その他）の 4 種類で、それぞれに B（開始）と I（中）を付与して 8 種類のラベルがあります。ここに固有

表現とは無関係の O のラベルを加えた合計 9 種類のラベルがここで扱うラベルです。

B-PER, B-LOC, B-ORG, B-MISC, I-PER, I-LOC, I-ORG, I-MISC, O

　　上記のデータの形式から直接 sklearn-crfsuite を使うことも可能ですが、CoNLL-2003 のデータ形式は固有表現抽出のタスクの標準的なデータ形式となっており、nltk のライブラリの中に上記データ形式を簡単に取り扱える関数類が提供されています。ここでは ConllCorpusReader というライブラリを使って、もう少し扱いやすいデータ形式に変換します。

```
>>> from nltk.corpus.reader import ConllCorpusReader
>>> train0 = ConllCorpusReader('CoNLL-2003',
                               'train.txt',
                               ['words', 'pos', 'ignore', 'chunk'])
>>> train_sents = list(train0.iob_sents())

>>> test0 = ConllCorpusReader('CoNLL-2003',
                              'test.txt',
                              ['words', 'pos', 'ignore', 'chunk'])
>>> test_sents = list(test0.iob_sents())
```

　　上記の train_sents は各文の情報がリストになっています。以下により訓練データは 14987 文、テストデータは 3684 文あることがわかります。

```
>>> len(train_sents)
14987
>>> len(test_sents)
3684
```

　　また各文は単語表記、品詞、固有表現のタグの 3 組からなるタプルのリストです。先に挙げた例の場合、以下のようなタプルのリストになります。

```
>>> print(train_sents[1])
```

```
[('EU', 'NNP', 'B-ORG'),
 ('rejects', 'VBZ', 'O'),
 ('German', 'JJ', 'B-MISC'),
 ('call', 'NN', 'O'),
 ('to', 'TO', 'O'),
 ('boycott', 'VB', 'O'),
 ('British', 'JJ', 'B-MISC'),
 ('lamb', 'NN', 'O'),
 ('.', '.', 'O')]
```

CRF で難しいのは上記の 3 組のタプルのリスト (これが入力系列 x に相当) を K 次元のベクトルに変換する部分です。前述したように、これはテンプレートを設定することで行います。sklearn-crfsuite の Tutorial では以下の関数群をテンプレートとして設定しています。なお、word.lower() は単語を小文字にする処理、word.isupper()、word.istitle()、word.isdigit() はそれぞれ word が大文字であるか、先頭だけ大文字であるか、数字であるかをブーリアンで返す処理です。

```
>>> def word2features(sent, i):
    word = sent[i][0]
    postag = sent[i][1]
    features = {
        'bias': 1.0,
        'word.lower()': word.lower(),
        'word[-3:]': word[-3:],
        'word[-2:]': word[-2:],
        'word.isupper()': word.isupper(),
        'word.istitle()': word.istitle(),
        'word.isdigit()': word.isdigit(),
        'postag': postag,
        'postag[:2]': postag[:2],
    }
    if i > 0:
        word1 = sent[i-1][0]
        postag1 = sent[i-1][1]
        features.update({
            '-1:word.lower()': word1.lower(),
            '-1:word.istitle()': word1.istitle(),
            '-1:word.isupper()': word1.isupper(),
            '-1:postag': postag1,
            '-1:postag[:2]': postag1[:2],
```

```
        })
    else:
        features['BOS'] = True
    if i < len(sent)-1:
        word1 = sent[i+1][0]
        postag1 = sent[i+1][1]
        features.update({
            '+1:word.lower()': word1.lower(),
            '+1:word.istitle()': word1.istitle(),
            '+1:word.isupper()': word1.isupper(),
            '+1:postag': postag1,
            '+1:postag[:2]': postag1[:2],
        })
    else:
        features['EOS'] = True
    return features
```

```
>>> def sent2features(sent):
    return [word2features(sent, i) for i in range(len(sent))]

>>> def sent2labels(sent):
    return [label for token, postag, label in sent]

>>> def sent2tokens(sent):
    return [token for token, postag, label in sent]
```

上記の関数群を利用して、以下のようにして訓練データとテストデータの 入出力系列を構築します。

```
>>> X_train = [sent2features(s) for s in train_sents]
>>> y_train = [sent2labels(s) for s in train_sents]

>>> X_test = [sent2features(s) for s in test_sents]
>>> y_test = [sent2labels(s) for s in test_sents]
```

X_train は各文のリストです。なので前述したように要素数は 14987 となります。

```
>>> len(X_train)
```

第 i 番目の文の情報は X_train[i] で参照できますが、これはその文の各単語のデータが辞書の形となっているリストです。前述した訓練データの 1 番目の文 "EU rejects German call to boycott British lamb." は 9 単語からなるので、len(X_train[1]) = 9 であり、例えばこの文の 2 番目の単語 'German' に対するデータは X_train[1][2] で参照でき、以下のような辞書となっています。

```
>>> X_train[1][2]
{'bias': 1.0,
 'word.lower()': 'german',
 'word[-3:]': 'man',
 'word[-2:]': 'an',
 'word.isupper()': False,
 'word.istitle()': True,
 'word.isdigit()': False,
 'postag': 'JJ',
 'postag[:2]': 'JJ',
 '-1:word.lower()': 'rejects',
 '-1:word.istitle()': False,
 '-1:word.isupper()': False,
 '-1:postag': 'VBZ',
 '-1:postag[:2]': 'VB',
 '+1:word.lower()': 'call',
 '+1:word.istitle()': False,
 '+1:word.isupper()': False,
 '+1:postag': 'NN',
 '+1:postag[:2]': 'NN'}
```

そして辞書の要素である key:value にその単語のラベルを合わせたものが CRF の素性に対応します。例えば上記の 'German' に対するラベルは B-MISC だったので、辞書の 2 番目の要素 word.lower():german と B-MISC の対が CRF の素性の 1 つです。

次に sklearn_crfsuite を import して、モデルを設定します。なお、c1 と c2 はそれぞれ L1 正則化と L2 正則化のパラメータです。

```
>>> import sklearn_crfsuite

>>> crf = sklearn_crfsuite.CRF(
    algorithm='lbfgs',
    c1=0.1,
    c2=0.1,
    max_iterations=100,
    all_possible_transitions=True
)
```

学習は次の 1 行です。数分かかるかもしれません。

```
>>> crf.fit(X_train, y_train)
```

`crf.state_features_` に学習から得られた重みベクトルの情報が入っています。以下により素性の種類が 25680 個であることがわかります。

```
>>> len(crf.state_features_)
25680
```

また素性 `word.lower():german` と B-MISC の対に対する重みは以下により 4.712476 であることがわかります。

```
>>> crf.state_features_[('word.lower():german', 'B-MISC')]
4.712476
```

テストデータに対して固有表現抽出を行ってみます。単純に正解率を出すだけでよいなら score を使います。

```
>>> crf.score(X_test,y_test)
```

```
0.9564337245612146
```

これはラベル 'O' も含めた正解率なので、かなり高くなっています。ラベル 'O' を含めずに評価するには、推定したラベルを出力する必要があります。これは predict を使います。

```
>>> y_pred = crf.predict(X_test)
```

この 1 行でテストデータの各データにラベルが付与されます。'O' のラベルは評価から外し、sklearn-crfsuite 内の metric ライブラリの中の flat_f1_score 関数を用いて評価値を出してみます。

```
>>> from sklearn_crfsuite import metrics

>>> labels = list(crf.classes_)
>>> labels.remove('O')

>>> f1 = metrics.flat_f1_score(y_test, y_pred,
                               average='weighted',
                               labels=labels)
```

以下により F1 の評価値は約 0.80 であることが分かります。まずまずの値です。

```
>>> f1
0.8014153821544218
```

predict は最終的なラベルの系列を出力しますが、単語の各ラベルに対する確率を出すのは、predict_marginals を使います。

```
>>> ys_pred = crf.predict_marginals(X_test)
```

上記 ys_pred は各文の結果のリストです。各文の結果はその文内の各単語の結果のリスト

です。そして単語の結果はラベルを key、そのラベルの確率を value とした辞書です。例えば、テストデータの1番目の文の最初の単語は以下のような結果になっています。

```
>>> ys_pred[1][0]
{'B-ORG': 0.0004533266629385811,
 'O': 0.9984552751743465,
 'B-MISC': 6.724150177624129e-05,
 'B-PER': 0.0002199123982083724,
 'I-PER': 2.31388794915235e-08,
 'B-LOC': 0.0007964142557348202,
 'I-ORG': 4.354128119071352e-06,
 'I-MISC': 2.4050522222608783e-06,
 'I-LOC': 1.047687775911495e-06}
```

本質的な CRF の出力は predict_marginals です。predict は predict_marginals の出力からビタビアルゴリズムを利用して最終的なラベル系列を求めています。ビタビアルゴリズムを使う際には、ラベル間の遷移確率が必要になりますが、その情報は state_features_ に保持されています。

sklearn-crfsuite では個々のラベルに対する評価値をレポートする関数 flat_classification_report もあります。

```
>>> sorted_labels = sorted(labels,
                   key=lambda name: (name[1:], name[0]))
>>> print(metrics.flat_classification_report(y_test, y_pred,
                       labels=sorted_labels,
                       digits=3))
```

以下のような結果が表示されると思います。

	precision	recall	f1-score	support
B-LOC	0.856	0.814	0.834	1668
I-LOC	0.745	0.626	0.681	257
B-MISC	0.819	0.754	0.785	702
I-MISC	0.688	0.653	0.670	216

B-ORG	0.775	0.727	0.750	1661
I-ORG	0.679	0.734	0.705	835
B-PER	0.822	0.860	0.841	1617
I-PER	0.861	0.951	0.904	1156
micro avg	0.804	0.801	0.803	8112
macro avg	0.781	0.765	0.771	8112
weighted avg	0.804	0.801	0.801	8112

4.3.3 LSTM

　系列ラベリング問題の解法として、HMM や CRF を紹介しましたが、これらはディープラーニング出現前の手法です。現在、精度を求めるだけであれば、ディープラーニングの手法を用いる方が良いです。系列ラベル問題に対するディープラーニングの手法としては大別してLSTM (Long Short Term Memory) を用いるものと事前学習済みモデルを用いるものに分けられます。ここでは LSTM を用いる手法を解説します。

　LSTM は RNN (Recurrent Neural Network) の一種であり、系列変換に用いることができます。系列変換とはデータの系列 $x = \{x_1, x_2, \cdots, x_n\}$ を入力として、それをあるデータの系列 $y = \{y_1, y_2, \cdots, y_n\}$ に変換する処理です。変換後のデータ y_i をラベル c_i に変換することで、LSTM を系列ラベル問題に対する手法として利用できます。

　RNN は系列データ $x = [x_1, x_2, \cdots, x_n]$ を以下のような ネットワークで解析するモデルです。なお自然言語であれば x は文を表し、x_i がその文内の i 番目の単語の分散表現をイメージしてお

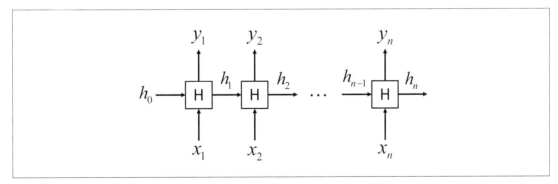

〔図 4.8〕RNN

けばよいでしょう。

RNN ではまず時刻 $t = 1$ で図 4.8 の H のネットワークに h_0 と x_1 が入力され、h_1 と y_1 が出力されます。h_1 と y_1 は中身が同じベクトルです。次に時刻 $t = 2$ で再度 H のネットワークに h_1 と x_2 が入力され、h_2 と y_2 が出力されます。これを時刻 $t = n$ の x_n まで繰り返すという処理を行います。RNN のポイントは x_t の入力時に一緒に入力される h_{t-1} の存在です。h_{t-1} は系列 $x_1, x_2, \cdots, x_{t-1}$ を圧縮した情報と見なせます。つまり各時点の入力 x_t に対する出力 y_t を得るのに、x_t だけではなくそれ以前の系列 $x_1, x_2, \cdots, x_{t-1}$ の情報を圧縮した h_{t-1} を利用しています。

ただし RNN は入力系列が長くなると、前のほうで出現した情報がほとんど消えてしまい、長距離の依存関係を捉えるのが難しくなります。この点を改良したのが LSTM です。LSTM は内部にメモリセルという機構を設けることで、RNN のこの欠点を緩和しています。

モデルとしては RNN の H が、LSTM ブロックというものに置き換わってるだけです（図 4.9 参照）。LSTM では h_{t-1} の他にメモリセルの情報 c_{t-1} が加わっていますが、メモリセル自体をプログラム内で参照することは通常ありません。そのためモデルを記した図でもメモリセルは省かれることが多いです。結局 LSTM は RNN の形で理解しておけばよいです。

LSTM を系列ラベリング問題に利用するには、ラベルの集合を $L = \{c_1, c_2, \cdots, c_K\}$ としたとき、y_i を $p(c_k | y_i)$ に変換する関数 W を導入します。通常、W は y_i のベクトルの次元数が m のとき、

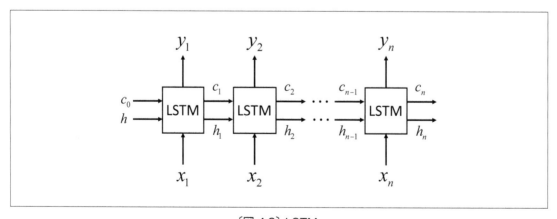

〔図 4.9〕LSTM

$m \times K$ の行列、つまり単なる線形変換となります。Wy_i に softmax 関数をかぶせることで $p(c_k|y_i)$ が得られます。$p(c_k|y_i)$ が得られた後はビタビアルゴリズムを利用することでラベルの系列を得ることができます。また自然言語処理では入力となる 単語 w_i をその埋め込み表現 x_i に変換する関数 Embd も導入されます。

図 4.10 が LSTM をベースとした系列ラベリング問題に対するモデルですが、LSTM で系列ラベリング問題を扱うときは、系列の方向を逆向きにしたものを同時に利用することができます。これは双方向 LSTM と呼ばれます（図 4.11 参照）。双方向 LSTM によって、入力 x_t に対する出力 y_t を得るのに、x_t 以前の系列 $x_1, x_2, \cdots, x_{t-1}$ の情報と同時に x_t 以後の系列 $x_{t+1}, x_{t+2}, \cdots, x_n$ の情報を利用する形になります。

ただしこの形だけではラベル間の制約が使われていません。例えば、固有表現抽出では I-ORG が文頭に現れることは ありませんし、B-PER の後に I-LOC などが現れることもありません。そこで通常の LSTM のモデルの上層にラベル間の遷移スコアというネットワークを設

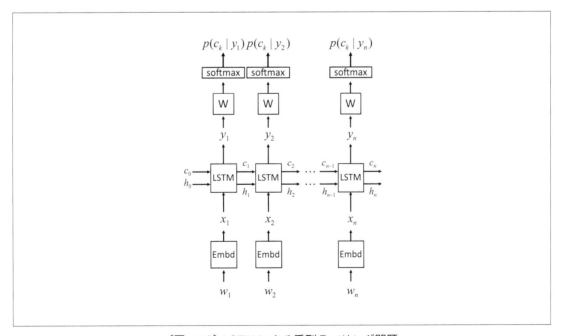

〔図 4.10〕LSTM による系列ラベリング問題

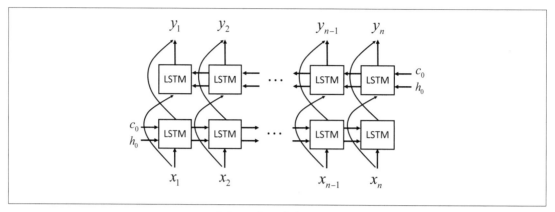

〔図 4.11〕双方向 LSTM

けることで、ラベル間の制約を考慮したラベル系列を算出できるようになります。これは Bi-LSTM CRF と呼ばれる手法です。Bi-LSTM CRF は以下の論文で発表された手法です。

Lample, Guillaume et al.,
"Neural Architectures for Named Entity Recognition",
NAACL-2016, pp.260--270 (2016).

この論文内の Figure 1 が図 4.12 です。この図がモデルの図となっています[5]。

図中の CRF Layer がラベル間の遷移スコアに対応する部分です。具体的には、まずラベルの集合 L に START と STOP を加えます。START が文頭、STOP が文末を意味します。そして遷移スコアとして A_{ij} を導入します。これは $L \times L$ の行列で、ラベル c_i からラベル c_j へ遷移するスコアを表します。そして入力系列 x と出力系列 y のペアに対して、以下のスコア関数 $S(x, y)$ を定義します。

$$S(x, y) = \sum_{i=0}^{n} A_{y_i, y_{i+1}} + \sum_{i=1}^{n} P_{i, y_i} \quad \cdots\cdots\cdots\cdots\cdots\cdots\cdots\cdots\cdots\cdots\cdots\cdots\cdots (4\text{-}8)$$

---

[5] この図だけ見ても中身は分かりませんが、かなり有名な図なので入れておきます。

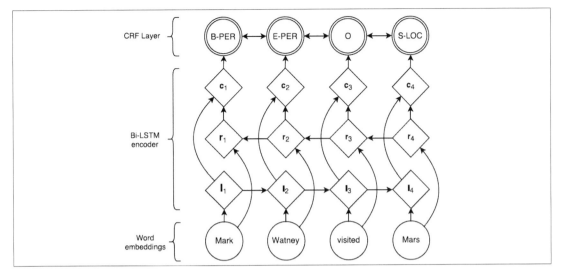

〔図 4.12〕Bi-LSTM CRF

　上記の P_{i,y_i} は CRF Layer が存在しない通常の LSTM からの出力です。つまり x_i に対してそのラベルが y_i となる確率を表しています。

　通常の CRF のモデル式（4-1）の $w \cdot \phi(\boldsymbol{x}, \boldsymbol{y})$ の部分を上記のスコア関数に置き換えます。

$$p(\boldsymbol{y}|\boldsymbol{x}) = \frac{1}{Z} \exp(S(\boldsymbol{x}, \boldsymbol{y})) \quad\cdots\cdots\cdots\cdots\cdots\cdots\cdots\cdots\cdots\cdots\cdots\cdots\cdots\cdots (4\text{-}9)$$

$$Z = \sum_{y} \exp(S(\boldsymbol{x}, \boldsymbol{y})) \quad\cdots\cdots\cdots\cdots\cdots\cdots\cdots\cdots\cdots\cdots\cdots\cdots\cdots\cdots (4\text{-}10)$$

　学習では上記の確率の対数 $\log p(\boldsymbol{y}|\boldsymbol{x})$ を最大化させるようにネットワークのパラメータを更新することでパラメータを求めます。

　Bi-LSTM CRF のプログラムですが、PyTorch の Tutorial のコードが簡潔でわかりやすいです。

https://pytorch.org/tutorials/beginner/nlp/advanced_tutorial.html

　ただしコードは簡単なのですが、理解するにはディープラーニングのプログラミングや PyTorch についての知識が必要ですので、解説は省略して、コードの利用方法だけ確認することにします。そこで、まず、上記のコードを `bilstm-crf.py` というファイルに保存します。このファイルはサンプルコード（ipynb ファイル）を切り貼りすることで得られます。

　`bilstm-crf.py` を実行するには PyTorch をインストールする必要があります。PyTorch はディープラーニングのフレームワークであり、ディープラーニングのプログラムを作成したり、実行する際に必要になります[6]。

　PyTorch のインストールは以下の URL から自分の環境を選択していくと、「Run this Command:」の部分にインストールするためのコマンドが表示されるので、これをコピーして、所定の環境で実行すればよいです。

https://pytorch.org/get-started/locally/

　PyTorch がインストールができていれば、先ほどの `bilstm-crf.py` は以下のように実行できます。


```
> python bilstm-crf.py
(tensor(2.6907), [1, 2, 2, 2, 2, 2, 2, 2, 2, 2, 1])
(tensor(20.4906), [0, 1, 1, 1, 2, 2, 2, 0, 1, 2, 2])
```


　これは Tutorial にあるように学習前のモデルの出力と学習後のモデルの出力を表示しています。

　`bilstm-crf.py` のコード内にある、埋め込み表現の次元数を表す変数 `EMBEDDING_DIM` と LSTM の隠れ層の次元数を表す変数 `HIDDEN_DIM` 及び訓練データ `training_data`、単語から単

---

[6] 現在、ディープラーニングのフレームワークとしては実質 TensorFlow と PyTorch のどちらかです。研究用途であれば PyTorch の方が扱いやすいと思います。

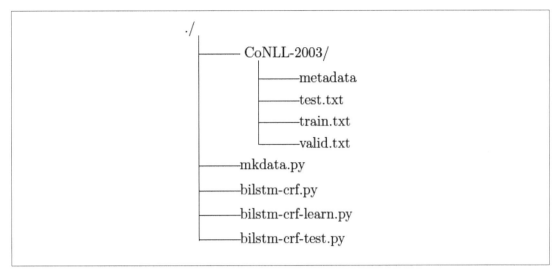

〔図 4.13〕Bi-LSTM CRF のディレクトリ構造

語 id を参照する辞書 word_to_ix、ラベル名からラベル id を参照する辞書 tag_to_ix を適切に設定することで、自前のデータに対してもモデルを学習することができます。

　サンプルコード[7]の bilstm-crf-learn.py は、上記の設定を行うことで、CoNLL-2003 のデータセットの訓練データから、その Bi-LSTM CRF のモデルを学習するプログラムです。CoNLL-2003 のデータセットから training_data 及びテストデータに対する X_test と y_test を予め作成しておくために mkdata.py というプログラムを用意しました。プログラムのディレクトリの配置は以下のようになっています。

　まず mkdata.py を実行します。


```
> python mkdata.py
```


　この結果、training_data.pkl、word_to_ix.pkl、X_test.pkl 及び y_test.pkl の 4 つ

---

[7] サンプルコードは実行しやすいように Chapter-4-3-LSTM-2.ipynb で提供しています。この中のセルを切り貼りすることで、bilstm-crf-lean.py, mkdata.py 及び bilstm-crf-test.py を作ることができます。

のファイルが作成されます。ここでは訓練データ及びテストデータ中の数値[8]は単語を \<num\> としてあります。また訓練データ中で頻度が 1 の単語及び訓練データ中に現れないテストデータ内の単語は \<unk\> としてあります。

　次に bilstm-crf-learn.py を実行します。10 エポックまで学習し、各エポック後のモデルを保存します。

```
> python bilstm-crf-learn.py
0    epoch
1    epoch
...
9    epoch
>
```

　上記のプログラムが終了すると、bilstm-crf-0.model から bilstm-crf-9.model のモデルのファイルができています[9]。

　CoNLL-2003 のデータセットのテストデータを利用してモデルの F1 スコアを 算出するプログラムを bilstm-crf-test.py を用意します。bilstm-crf-test.py は以下のように実行します。第 1 引数に保存されたモデルを指定します。

```
> python bilstm-crf-test.py bilstm-crf-9.model
0.7169402045668458
```

　CRF での F1 スコアは約 0.80 だったので、CRF よりもスコアがかなり低いですが、これは様々な点でモデルのチューニングが不十分だからです。メタパラメータの適切な設定以外にも、本来の Bi-LSTM CRF では文字の情報も利用しますし、LSTM を多層にすることも可能なので、このモデルを拡張してゆくことでスコアを上げてゆけると思います。

---

[8] ここでは品詞が CD のものを数値としています。
[9] このプログラムは GPU も利用していませんし、バッチ処理も行っていませんので、終了までかなり時間がかかります。この辺りを改良するのは PyTorch の演習として良いと思います。

第5章

BERT

2018年末にGoogleからBERT（Bidirectional Encoder Representations from Transformers）という事前学習済みモデルがプレプリントで発表されました。このBERTの出現により、自然言語処理研究のスタンスは大きく変化しました。単にBERTを利用するだけで、自然言語処理の様々なタスクの精度が向上するからです。しかも利用方法は難しい理論や実装は必要ありません。簡単に利用出来ます。現在、BERTあるいはそこから派生した事前学習済みモデルを自然言語処理のシステムに利用するのはほぼ必須と言えると思います。

5.1 事前学習済みモデルとは

BERTは事前学習済みモデルですが、事前学習済みモデルが何かを説明するのは少し面倒です。言語を対象に考えるとイメージしづらいからです。画像を対象にして考えると分かり易いと思います。

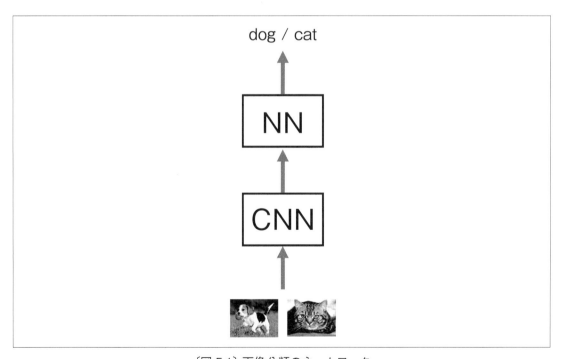

〔図5.1〕画像分類のネットワーク

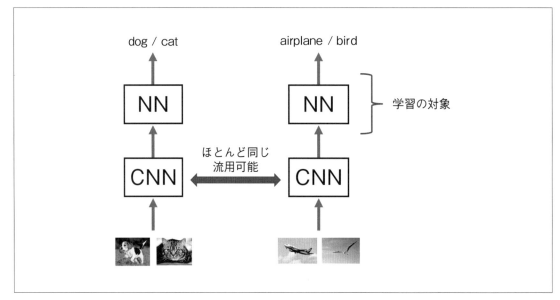

〔図5.2〕ネットワークモデルの流用

　例えば、ディープラーニングを用いて犬か猫かを識別する画像分類タスクを考えてみます。概略、図5.1のようなネットワークにより解決できると思います。

　最初に入力画像が、畳み込みを行うCNNというネットワークに入力され、その出力が 識別を行うNNというネットワークに渡され、犬か猫かが識別されます。このネットワーク全体を学習するには、犬か猫かのラベルを付与した膨大な数の画像データが必要です。なんとかそのような画像データを用意し、図5.1のネットワークが学習されたとします。これで犬か猫かを識別する画像分類が高精度に行えます。

　次にタスクを少し変更して今度は鳥か飛行機かを識別する画像分類タスクを解くことにします。この場合、先と同じように鳥か飛行機かのラベルを付与した膨大な数の画像データを再度用意すれば、先ほどと同じように高精度にこのタスクを解くことができます。

　ただしもっとスマートなやり方があります。犬か猫かを識別するモデルでのCNNと鳥か飛行機かを識別するモデルでのCNNは実はほとんど同じです。CNNは本質的に入力画像の特徴を抽出しています。例えばこの辺りに縦線があるとか、この辺りに丸い物体がある、などです。

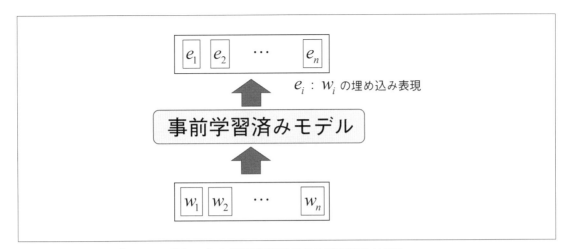

〔図 5.3〕自然言語処理の事前学習済みモデル

つまり CNN が行っていることはオブジェクトに対して特徴ベクトルを作成していると見なせます。特徴ベクトルを作成しているだけならば、さまざまな画像処理のタスクに利用できるはずです。そのため犬か猫かを識別するモデルを学習するときに構築した CNN を鳥か飛行機かを識別するモデルでの CNN にも利用できます。そのため鳥か飛行機かを識別する画像分類の問題を解く場合、CNN の部分は既に学習済みのものを流用し、NN の部分だけを構築すればよいことになります。そして NN の部分だけでよいのであれば、鳥か飛行機かのラベルを付与した画像データは小規模でも大丈夫です。

　上記の CNN のようなネットワークモデルが事前学習済みモデルです。つまり事前学習済みモデルは、入力オブジェクトを特徴ベクトルのようなものに変換するモデルであり、その分野の様々なタスクに共通して利用できるネットワークモデルです。

　自然言語処理における事前学習済みモデルも、上記で説明した画像処理に対する事前学習済みモデルと基本的には同じです。自然言語処理のタスクに対する入力オブジェクトをそのタスクの入力になるようなデータに変換するのが自然言語処理における事前学習済みモデルです。そして通常、入力オブジェクトは単語列、タスクへの入力データは対応する単語の埋め込み表現の列です。

　この事前学習済みモデルは大きく 3 つの特徴があります。1 つ目は事前学習済みモデルは様々なタスクに共通して使えるものなので、パワフルなものをひとつ作っておけばよいです。そのため、通常、事前学習済みモデルは巨大なコーパスと膨大な計算コストをかけて構築されます。例えば BERT では、発表当時の高性能パソコンでも 構築するのに数ヶ月の計算が必要だったと思います[1]。

　2 つ目の特徴は前述したように、事前学習済みモデルを利用することで、下流のタスクで必要となるラベル付きデータの量を軽減できます。このアプローチは転移学習と呼ばれるものです。（教師付き）機械学習によってタスクの問題解決を図る場合、ラベル付きデータを準備するコストが高いという問題が常に存在します。この問題に対処する 1 つの方法が転移学習ですが、BERT を利用することで転移学習が容易になりました。

　3 つ目の特徴は事前学習済みモデルは下流のタスクによって調整可能ということです。前述した画像の例で言えば、下流のタスクによって NN の部分だけを学習しても良いですが、NN と同時に事前学習済みモデルである CNN も下流のタスクによって調整することができます。これは fine-tuning と呼ばれます。fine-tuning によって下流のタスクの精度は更に高まります。通常、事前学習済みモデルは fine-tuning を前提に使われます。

５.２　BERT の入出力

　BERT の入力は 1 文タイプのものと 2 文タイプのものに分けられます。

　まず 1 文タイプの入力ですが、これは文を構成する単語列です。ただし文頭に特殊 token の [CLS] と文末に特殊 token の [SEP] が挿入されます。

　2 文タイプの入力ですが、これは 1 文目を構成する単語列と 2 文目を構成する単語列を連結したものです。ただし 1 文目の文頭に特殊 token の [CLS] と 1 文目の文末に特殊 token の [SEP] が挿入されます。更に 2 文目の文末にも特殊 token の [SEP] が挿入されます。

---

[1] 今では高性能なパソコンであれば、1 週間位で構築できると思います。

BERTの出力は1文タイプのものでも2文タイプのものでも、入力された単語列に対応する単語の埋め込み表現列となります。

BERTの入出力の形だけ見ると、単に入力単語をword2vecなどから得られる分散表現に変換しているだけのように見えますが、2つの点で大きな違いがあります。

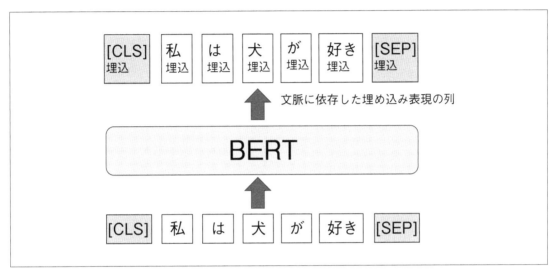

〔図5.4〕BERTの入出力（1文入力タイプ）

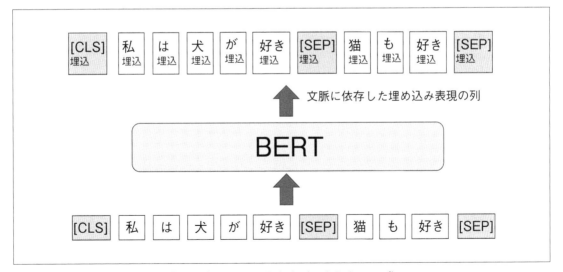

〔図5.5〕BERTの入出力（2文入力タイプ）

　一つは BERT が出力する単語の埋め込み表現は文脈依存になっていることです。例えば「私は犬が好き。」の'犬'と「奴は警察の犬だ。」の'犬'は語義が異なります。最初の文の'犬'は animal で次の文の'犬'は spy です。語義は異なりますが word2vec では'犬'に対する分散表現は固定したものであり、どちらの文の'犬'に対しても同じベクトルを出力します。一方 BERT の出力する埋め込み表現は文脈依存であるため、'犬'の周辺の単語との関係から埋め込み表現が作られます。その結果、上記の2つの文の'犬'に対する埋め込み表現は異なるものとなります。

　もう一つの違いは BERT は事前学習済みモデルであり、下流のタスクに応じてネットワークの重みを修正することができる、つまり fine-tuning が可能だということです。word2vec は辞書のようなものであり、どのタスクに対しても同じ word2vec が使われます。タスクに応じて word2vec を変更することはありません。

　BERT を使ってみるには HuggingFace の transformers というライブラリを使うのが簡単で良いです。transformers のインストールは以下で行えます。

```
> pip install transformers[ja]
```

　利用する BERT は transformers に登録されているものを使うのが簡単です。ここでは日本語の BERT である cl-tohoku/bert-base-japanese-v2 を使ってみます。これは transformers に登録されているので、そのモデルを読み込むには以下のように行えばよいです。

```
>>> from transformers import BertModel
>>> bert = BertModel.from_pretrained('cl-tohoku/bert-base-japanese-v2')
Some weights of the model checkpoint at ...
- This IS expected if you are initializing BertModel ...
- This IS NOT expected if you are initializing BertModel ...
```

　最初に読み込むときは HuggingFace のサイトからそのモデルがダウンロードされます。また

読み込むと上記のようなワーニングが出るかもしれませんが、あまり気にする必要はありません。

ここでモデルの構造を確認するには以下のように、モデルをロードした変数名の中身を表示させればよいです。

```
>>> bert
BertModel(
  (embeddings): BertEmbeddings(
    (word_embeddings): Embedding(32768, 768, padding_idx=0)
    (position_embeddings): Embedding(512, 768)
    (token_type_embeddings): Embedding(2, 768)
    (LayerNorm): LayerNorm((768,), eps=1e-12, ...)
    (dropout): Dropout(p=0.1, inplace=False)
  )
...
  )
  (pooler): BertPooler(
    (dense): Linear(in_features=768, out_features=768, ...)
    (activation): Tanh()
  )
)
>>>
```

torchinfo の summary を使うとパラメータの様子が分かります。また summary によりパラメータ数が約1億1千万個あることも確認できます。

```
>>> from torchinfo import summary
>>> summary(bert)
========================================================
Layer (type:depth-idx)                  Param #
========================================================
BertModel                               --
├─BertEmbeddings: 1-1                   --
│    └─Embedding: 2-1                   25,165,824
│    └─Embedding: 2-2                   393,216
│    └─Embedding: 2-3                   1,536
│    └─LayerNorm: 2-4                   1,536
│    └─Dropout: 2-5                     --
├─BertEncoder: 1-2                      --
```

```
|        └─ModuleList: 2-6                    --
|        |      └─BertLayer: 3-1          7,087,872
|        |      └─BertLayer: 3-2          7,087,872
|        |      └─BertLayer: 3-3          7,087,872
...
|        |      └─BertLayer: 3-11         7,087,872
|        |      └─BertLayer: 3-12         7,087,872
├─BertPooler: 1-3                            --
|        └─Linear: 2-7                    590,592
|        └─Tanh: 2-8                          --
========================================================
Total params: 111,207,168
Trainable params: 111,207,168
Non-trainable params: 0
========================================================
```

BERT を使うためには、入力単語列を単語 id 列に直す tokenzier が必要です。tokenzier は利用する BERT によって異なりますので、利用する BERT を指定して以下のように生成します。

```
>>> from transformers import BertJapaneseTokenizer
>>> tknz = BertJapaneseTokenizer.from_pretrained('cl-tohoku/bert-base-japanese-v2')
```

この tokenzier を利用した単語分割は以下のように行います。

```
>>> tknz.tokenize("私は犬が好き。")
['私', 'は', '犬', 'が', '好き', '。']
```

単語分割を行い更に、各単語を単語 id に変換するには encode を利用します。

```
>>> tknz.encode("私は犬が好き。")
[2, 3946, 897, 3549, 862, 12215, 829, 3]
```

単語が 2 つ増えていることが確認できると思います。これは文頭に特殊 token の [CLS]（単語 id は 2）と文末に特殊 token の [SEP]（単語 id は 3）が加わったためです。これらを付けたくなければオプション add_special_tokens=False を指定します。

```
>>> tknz.encode("私は犬が好き。", add_special_tokens=False)
[3946, 897, 3549, 862, 12215, 829]
```

　上記の単語 id 列を先ほどロードした BERT に入力してみます。ただしこの BERT は PyTorch のモデルであるため、入力のデータ型は Tensor でなくてはなりません。tknz.encode の出力はリストですので、それを Tensor に変換してから BERT に入力します。更に BERT の入力はバッチでなくてはならないので unsqueeze(0) を使って、要素が 1 つのバッチに直します。

```
>>> import torch
>>> x = tknz.encode("私は犬が好き。")
>>> x = torch.LongTensor(x).unsqueeze(0)
>>> x
tensor([[2, 3946, 897, 3549, 862, 12215, 829, 3]])
```

　今、単語 id 列の x に対する BERT の出力は変数 y に入っています。出力のデータ型ですが、これは BaseModelOutputWithPoolingAndCrossAttentions クラスのオブジェクトになっています。BERT の出力である埋め込み表現の列は変数 y の last_hidden_state という属性値に入っています[2]。

```
>>> y = bert(x)
>>> y.last_hidden_state
tensor([[[ 1.6633e-01, -7.8501e-02,  ...,  3.6960e-01,
           1.6008e-01, -5.5611e-01],
         [ 2.7389e-01, -2.8402e-01,  ..., -6.4883e-01,
           3.8284e-01, -1.5853e-01],
         [-5.7850e-01,  3.8757e-01,  ...,  1.2454e+00,
          -4.9265e-01, -3.7446e-01],
         ...,
         [ 7.1451e-01,  2.8899e-01,  ...,  1.0794e-01,
          -1.8923e+00, -8.3097e-01],
         [ 3.0506e-01, -7.4390e-01,  ...,  2.6773e-01,
```

---

[2] 出力をタプルとして扱い y[0] としてもよいです。

```
              -9.7722e-01, -8.8383e-01],
             [ 1.9436e-01, -8.5321e+00,  ...,  7.1005e-03,
              -9.3126e-02, -5.4594e-01]]],
           grad_fn=<NativeLayerNormBackward0>)
```

y.last_hidden_state のデータ型は Tensor ですが、その形状は以下です。

[バッチのサイズ , 単語列の長さ , 単語の次元数]

この例の場合、1 データだけなのでバッチのサイズは 1、単語列の長さは 8、単語の次元数は 768 なので、形状は以下となります。

```
>>> y.last_hidden_state.shape
torch.Size([1, 8, 768])
```

入力文内の単語 '犬' は 4 単語目 [3] なので、BERT の出力するこの文に対する '犬' の埋め込み表現は以下となります。

```
>>> y.last_hidden_state[0][3]
tensor([ 8.5997e-01,  1.2333e-01, -4.1867e-01,  1.2998e-01,
         1.5049e-01, -1.1773e+00, -8.8095e-01,  3.9046e-01,
         1.1116e-02,  5.0803e-02,  6.2080e-01, -1.4059e+00,
...
         8.9650e-01,  9.7352e-02], grad_fn=<SelectBackward0>)
>>>
```

5.3　BERT 内部の処理

BERT を単に利用するだけであれば、BERT の内部でどのような処理が行われているかを知

---

[3] 配列のインデックスは 0 から数えるので、インデックスは 3 です。

る必要はありません。ブラックボックスとして利用すれば良いです。ただ BERT を改良したい
とか、どうしてこのような処理ができるのかを調べたいなどとなったら、BERT の中身を知ら
ないといけません。この部分は本書の範囲を少し超えてしまいますが、BERT は今後も自然言
語処理の重要な技術であり続けると思いますので、簡単ですが説明しておきます。

5.3.1 Transformer

　BERT のアーキテクチャは Transformer と呼ばれるものです。Transformer とは Google とトロ
ント大学の研究者が2017年に以下の論文で発表した ニューラル機械翻訳のモデルの名前です。

```
Ashish Vaswani et al.,
"Attention Is All You Need",
https://arxiv.org/abs/1706.03762.
```

　非常に挑発的な論文タイトルですが、中身はそれに見合ったものです。この論文が発表され
るまではディープラーニングを利用した自然言語処理は LSTM を利用するのが一般的でした。
この論文では LSTM を利用せずに、全て Attention というメカニズムだけで高精度なニューラ
ル機械翻訳を実現させました。

　図5.6 が論文中に示されたモデルです。この図は様々なところで引用されており、非常に有
名な図になっています。歴史的な図と言っても良い位です。

　図5.6 の右側のネットワークが機械翻訳における Decoder で、左側が Encoder です。概略、
この Encoder が BERT です。Encoder 部分に Nx というネットワークがありますが、これは
BertLayer と名前がついています。BertLayer を 12 個[4] 連結させたネットワークが BertEncoder
と呼ばれるもので、入力単語列から BertEncoder の最初の BertLayer への入力を構築するネッ
トワークが BertEmbeddings です。結局、BertEmbeddings に BertEncoder を繋げたモデルが

---

[4] BERT-base は 12 個ですが、BERT-large は 24 個です。通常、BERT と言ったときは BERT-base を指します。

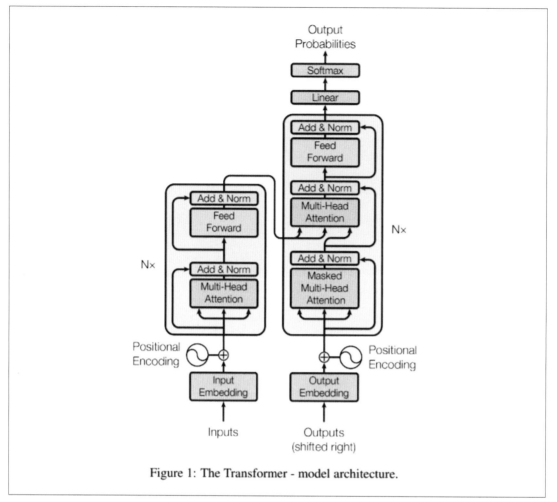

Figure 1: The Transformer - model architecture.

〔図 5.6〕Transformer

BERT です。

　BertLayer の入力は単語の埋め込み表現列で、出力も単語の埋め込み表現列です。つまり BertLayer は単語の埋め込み表現列を少し変更（修正）しているだけです。結局、BERT は BertEmbeddings で作られた単語の埋め込み表現列を 12 個の BertLayer を使って少しずつ修正している形です。

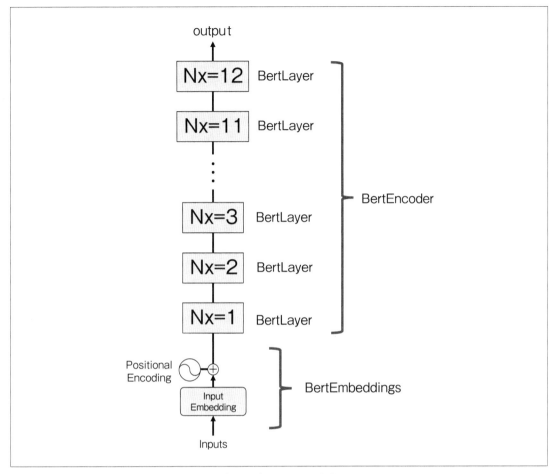

〔図5.7〕BERT の中身

5.3.2　Position Embeddings

　BertEmbeddings では入力された単語列（正確には単語 id 列）を単語の埋め込み表現列に直しています。この部分は通常の word2vec のように単語を分散表現に変換しているだけです。ただ図5.7 の BertEmbeddings の中に Positional Encoding という部分があります。これは Transformer の特徴の一つです。

　通常の Attention の機構では単語の位置の情報がうまく使えません。Transformer では単語の位置を抽象的なオブジェクトと見なして、n 次元空間に埋め込むことを行っています。この埋

め込み表現は Position Embeddings と呼ばれます。単語の位置は普通に考えればただの整数値ですが、それを n 次元ベクトルで表現するというのは全く新しい発想だと思います。

　Transformer では具体的に以下の式で Position Embeddings を作っています。単語の位置を pos として、その単語の Position Embeddings のベクトルの k 次元目の値を、k が偶数 $k = 2i$ のとき、

$$\sin\left(\frac{pos}{10000^{2\,i/d_{model}}}\right) \dotfill \text{(5-1)}$$

奇数 k $= 2i + 1$ のとき

$$\cos\left(\frac{pos}{10000^{2\,i/d_{model}}}\right) \dotfill \text{(5-2)}$$

とします。上記の式で d_{model} というのは埋め込み表現の次元数を表しています。

　上記の式で位置の埋め込みが適切にできているのかどうかは不明です。実際に BERT の Position Embeddings は Transformer で使われた上記の式を使わずに、Position Embeddings 自体をパラメータとして学習させています。

　BertEmbeddings では通常の単語の分散表現に、この Position Embeddings のベクトルが足されています。BertEmbeddings ではもう一つ、1 文目の単語か 2 文目の単語かを表す Segment Embeddings という埋め込み表現も作られ、それも足されています。この 3 つの埋め込み表現のベクトルの和を作る処理が BertEmbeddings で行われています。

5.3.3　BertLayer

　BertLayer の中身は図 5.6 の左側のネットワークの Nx の部分に示されています。

　この中の Multi-Head Attention の部分が BERT の核であり、最重要箇所になります。Multi-Head Attention の説明は次節にして、ここではそれ以外のネットワークである Add & Norm と Feed Forward について説明します。

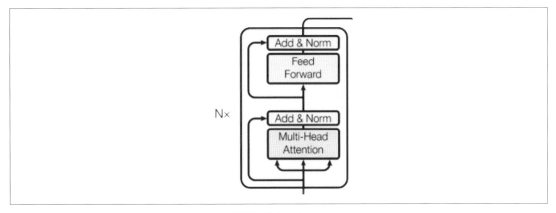

〔図 5.8〕BertLayer

　BertLayer には単語の埋め込み表現列が入力されます。その入力は Multi-Head Attention に渡されます。Multi-Head Attention は何らかの処理を行って、単語の埋め込み表現列を出力します。この出力が図 5.8 の下の Add & Norm に入力されます。

　Add & Norm の Add ですが、これは残差接続を行うという意味です。つまり Multi-Head Attention の出力に Multi-Head Attention の入力を足す 処理を行います。その結果に対して Layer Normalization を行います。Add & Norm の Norm とは Layer Normalization のことです。この残差接続と Layer Normalization の処理を合わせて、Add & Norm と表しています。

　次に Feed Forward ですが、これは単なる線形変換です。BertLayer では Feed Forward の出力に対してもう一度 Add & Norm の処理をします。

　BertLayer の処理は、概略、上記の通りですが、ソースを確認すると他にも細かい処理がいくつか入っています。細かく確認したい場合は、ソースを見ると良いと思います。

5．3．4　Multi-Head Attention

　先に述べたとおり Multi-Head Attention が BERT の核であり重要ですが、そこで行われている処理は少し分かりづらいです。いくつか原因があると思いますが、Attention という用語自体と、Attention を辞書構造から説明することが分かりづらくしている大きな原因だと思います。

ここではそこらに注意して Attention の説明を行ってみます。

　Attention は日本語では注意機構と訳されます。当初、画像認識の分野において、入力画像に写っている物体を識別するのに、画像のどの部分に注目すれば良いかのアイデアを使った手法を Attention と呼んでいたと思います。これは結局は画像の各箇所に識別のための重みをつけ、それらを統合して何らかの処理（この場合は識別）をしていることに対応します。つまり入力オブジェクトの各所に処理のための重みを付け、それらを統合して何らかの処理する機構が Attention です。自然言語処理の分野ではニューラル機械翻訳の分野で Attention という用語が出てきます。例えば「I love a dog.」を訳す際に「私は」の次に続く単語を生成するために、原文全体の埋め込み表現の他に原文の各単語の埋め込み表現に重みを付ける処理が Attention で

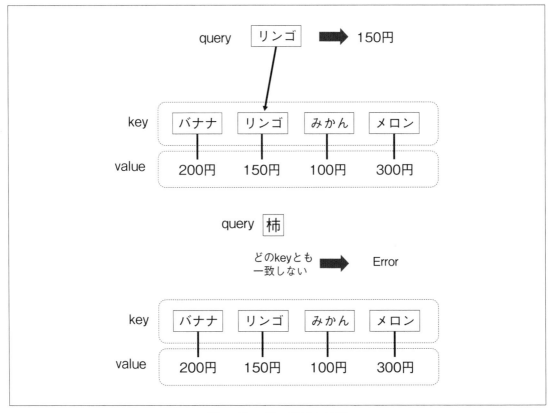

〔図 5.9〕一般の辞書の処理

す。

　そしてこの Attention の処理は辞書構造なっていると言われています。一般に辞書は key と value を持っています。例えば以下のような辞書を考えてみます。

{'バナナ':200, 'リンゴ':150, 'みかん':100, 'メロン':300}

　これは key が果物の名前で value がその価格を表しています。辞書は一種のデータベース（この場合、果物の価格のデータベース）であり、query として何か果物の名前が与えられれば、辞書の key の中でその名前を検索し、見つかった key の value を query の果物の価格として返します。例えば query が'リンゴ'なら 150（円）と出力されます。そしてもし query が'柿'なら辞書の key に存在しないということでエラーが返ります。これが一般に言う辞書です（図 5.9 参照）。

　Attention は辞書構造であるというのは、上記の key、value 及び query に対応した要素を持っているからです。ただし Attention の処理は辞書の処理とは異なります。まず query と一致する key が辞書にない場合を見てみます。この場合、辞書はエラーを返しますが、Attention では与えられた query と辞書内の全ての key について重みを算出します。この重みは類似度と考えて良いです。また類似度の和は 1 になるように正規化されます。上記の例で言えば、'柿'と'バナナ'の類似度、'柿'と'リンゴ'の類似度、'柿'と'みかん'の類似度、'柿'と'メロン'の類似度の 4 つが計算されます。ここではそれらの値を 0.3, 0.4, 0.2, 0.1 としてみます。ここから'柿'の価格は、それぞれの価格に重みを乗じて足し込むことで以下のように 計算できます（図 5.10 参照）。

$$0.3 \times 200 + 0.4 \times 150 + 0.2 \times 100 + 0.1 \times 300 = 170$$

　実は Attention では常に query と key は別種のものであって、上記の value の計算の方法が

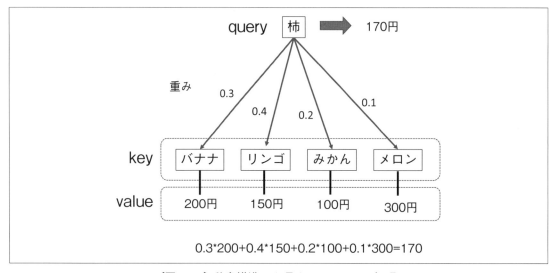

〔図5.10〕辞書構造から見た Attention の処理

Attention の基本です。

　ここまでは Attention と辞書との類似性をある程度理解できると思います。問題は Multi-Head Attention の基本となっている Self-Attention の処理です。例えば上記の例で query が˚バナナ˚だったときはどうでしょうか？ Attention では常に query と key は別種のものと考えるので、先のように辞書内の全ての key について重みを算出して、その重みを value に乗じて足し込むことで query の value を求めます。類似度の和は 1 になるように正規化されるので、この場合は、例えば、˚バナナ˚と˚バナナ˚の類似度は 0.7、˚バナナ˚と˚リンゴ˚の類似度は 0.1、˚バナナ˚と˚みかん˚の類似度は 0.1、˚バナナ˚と˚メロン˚の類似度は 0.1 などとなって˚バナナ˚の価格は以下の計算より 195（円）となります。

$$0.7 \times 200 + 0.1 \times 150 + 0.1 \times 100 + 0.1 \times 300 = 195$$

　この処理は˚バナナ˚の価格に対する検索ではなく、˚バナナ˚を含めた他の全ての果物の価格を考慮した˚バナナ˚の価格の修正です。つまり˚バナナ˚の価格を変換しています。結局、

Self-Attention は辞書内の各 key を qurry にして各 key の value を 変換する処理と見なせます（図 5.11 参照）。

ただし、ここで一つ注意して欲しいのですが、Self-Attention を上記のような辞書の形で捕らえた場合、辞書の key の順序は処理の結果に影響を与えません。上記の例では辞書内の key の

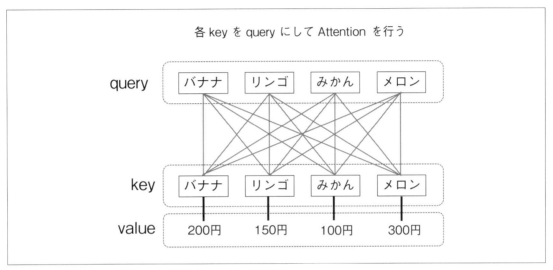

〔図 5.11〕Self-Attention の処理

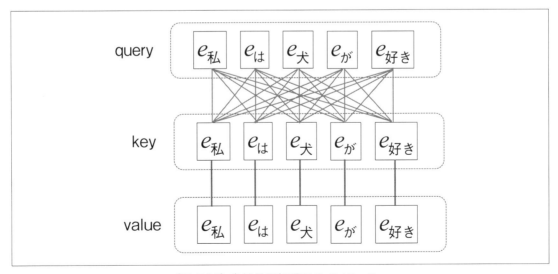

〔図 5.12〕自然言語処理の Self-Attention

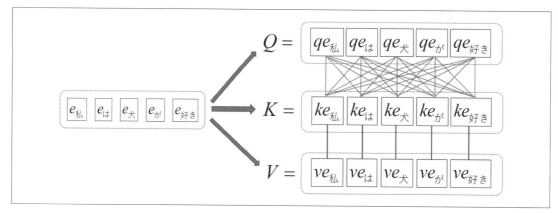

〔図 5.13〕K, V, Q への変換と Self-Attention

順序は、'バナナ'、'リンゴ'、'みかん'、'メロン'の順でしたが、例えば'メロン'、'みかん'、'リンゴ'、'バナナ'の順であっても先の処理の結果は変わりません。

　自然言語処理の Self-Attention は上記の辞書にあたるものが入力単語列になっています。正確に言うと単語列でなくて単語の埋め込み表現の列です。ここで自然言語処理における Self-Attention のポイントの一つは key と value は同じ埋め込み表現になっていることです（図 5.12 参照）。

　そして先ほど説明したように Self-Attention は辞書内の各 key を qurry にして各 key の value を変換する処理でした。つまり入力されてきた 単語の埋め込み表現の列を key の列、value の列、query の列として使います。そしてここも大きなポイントですが、入力されてきた単語の埋め込み表現の列を key、value、query の列として直接使うのではなく、それぞれの列に変換する線形変換 K, V, Q を用意して、それぞれのベクトルに直してから Attention の処理を行います。そしてこの K, V, Q が学習の対象となります（図 5.13 参照）。

　単純な辞書に対する Self-Attention では辞書内の key の順序は 出力に影響しませんでしたが、自然言語処理における Self-Attention では、key にあたる単語の埋め込み表現には Position Embeddings の情報が入っていますし、線形変換 K によって単語の埋め込み表現が変形されますので、key の順序は出力に影響します。

ここまでの処理を式で確認しておきます。まず入力となる単語の埋め込み表現列 X を以下で表します。

$$X = [x_1, x_2, \cdots, x_n]$$

実際 X は n 単語からなる文に対応し、x_i がその文の中の i 番目の単語の埋め込み表現になっています。単語の埋め込み表現の次元数を d とし、埋め込み表現は横ベクトルとします[5]。X は $n \times d$ の行列となります。線形変換 K, V, Q は $d \times d$ の行列です。つまり key、value、query の列は XK、XV、XQ となります。それぞれ $n \times d$ の行列になっています。

　次に query と key の類似度を測る処理ですが、これは内積を利用します。i 番目の query を q_i、j 番目の key を k_j とすると、q_i は XQ の i 番目の行ベクトル、k_j は XK の j 番目の行ベクトルです。なので q_i と k_j の内積は k_j を縦ベクトルに転置して、$q_i \cdot k_j^T$ により表せます。これは実数値です。そして $q_i \cdot k_j^T$ の値は行列 XQ と行列 $(XK)^T$ の積の行列 $(XQ)(XK)^T$ の i 行 j 列目の要素になっています $(XQ)(XK)^T$ は $n \times n$ の行列になっていることもご注意下さい。

　この類似度を正規化します。$(XQ)(XK)^T$ の行ごとに正規化することに注意して下さい。この正規化には softmax という関数を利用します。softmax の関数への入力は数値の列[6] $a = [a_1, a_2, \cdots, a_K]$ です。各 a_k を正規化した値の列 $y = [y_1, y_2, \cdots, y_K]$ が出力となります。softmax の関数の定義は以下です。

$$softmax(y) = \frac{1}{\sum_{i=1}^{K} \exp(a_i)} [\exp(a_1), \exp(a_2), \cdots, \exp(a_K)] \quad \cdots\cdots\cdots\cdots\cdots\cdots\cdots\cdots\cdots\cdots (5\text{-}3)$$

結局、query q_i と key k_j 間の類似度、つまり重み w_{ij} は $softmax((XQ)(XK)^T)$ の i 行 j 列目の要素となります。

　query q_i に対する出力は (XV) の j 行目の横ベクトルを $(XV)_j$ で表すと以下となります。

---

[5] 縦ベクトルにすると表記が少し複雑になるので横ベクトルとして考える方が分かり易いです。
[6] これは正規化したい数値の集合に対応してます。

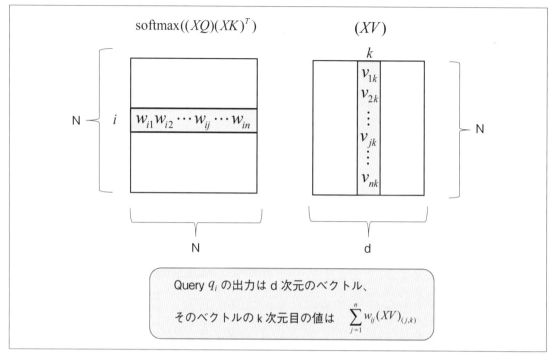

〔図5.14〕query q_i の出力である d 次元ベクトルの k 次元目の値

$$\sum_{j=1}^{n} w_{ij}(XV)_j$$

これは d 次元の横ベクトルになりますが、このベクトルの k 次元目の要素は (XV) の i 行 j 列目の要素を $(VX)_{(i,j)}$ で表すと以下となります。

$$\sum_{j=1}^{n} w_{ij}(XV)_{(j,k)}$$

図5.14 から分かるように、$softmax((XQ)(XK)^T)$ と (XV) の積の行列 $softmax((XQ)(XK)^T)(VX)$ の i 行目のベクトルが query q_i に対する出力（d 次元の横ベクトル）であることが分かります。

　Self-Attention の処理は上記の通りですが、BERT で使われる Self-Attention はこれに2つの改

良を加えます。一つ目の改良の処理は scaled dot-production と呼ばれる処理です。query と key の類似度の基になる $(XQ)(XK)^T$ の値ですが、これは埋め込み表現の次元 d が大きいと、大きな値になってしまい学習がうまくいきません。そこを調整するために $\sqrt{d}$ で $(XQ)(XK)^T$ の各値を割ります。

$$softmax\left(\frac{(XQ)(XK)^T}{\sqrt{d}}\right)$$

この処理が scaled dot-production です。ここでよく誤解されるのですが、各値を定数で割っても後で正規化するのだから無意味なのでは？という誤解です。確かに 3, 5, 2 を正規化すると 0.3, 0.5, 0.2 で、元の数を 10 倍して 30, 50, 20 にしても正規化すれば 0.3, 0.5, 0.2 となり、同じです。ただこれは正規化の手法としてノルムを使っているからです。Attention で使われる正規化は softmax を使うので、元の数を定数倍すると結果は異なります。もう一つの改良の処理が Multi-head 化です。元の入力である X の各要素である x_i をそのまま線形変換 K, V, Q に渡すのではなく、複数に分割して渡します。この分割数は head 数と呼ばれています。具体的に x_i が 768 次元だとして、12 個に分割するとすると、x_i を先頭から 64 次元ずつ区切った 12 個のベクトルに直します[7]。個々のベクトルは head と呼ばれています。そして Self-Attention で利用する線形変換 K, V, Q も 12 個ずつ別々に用意し、それぞれの head に対して先の Self-Attention の処理を行います。この場合、結果として 12 個の 64 次元のベクトルが得られますが、それらを結合して元の 768 次元のベクトルに戻して出力します。この処理が Multi-head Attention と呼ばれる処理です。今の例では head 数は 12 でしたが、この head 数は BERT を構築するときのメタパラメータです。BERT-base では 12、BERT-large では 16 となっています。

5.4 BERT による文書分類

　BERT を使って文書分類を行ってみます。この場合、入力の文書を長い 1 文と考えて、文頭

---

[7] $64 \times 12 = 768$

に [CLS] と文末に [SEP] の特殊 token を付けて、BERT に入力します。

　BERT から出力される [CLS] の埋め込み表現を、入力の文書の特徴ベクトルと考えて、分類を行うネットワークに入力し、文書のラベル（クラス）を識別します。ここで分類を行うネットワークは、特徴ベクトルの次元が m、識別先のラベル数が K のとき、単なる $m \times K$ の線形変換 W です。

　transformers には図で示したネットワークのモデルの設定が BertForSequence Classification として提供されています。文書分類ではこれを利用すれば、プログラム内でモデルの定義を書かずに実装することができます。

　利用するにはまずこのクラスを import します。

```
>>> from transformers import BertForSequenceClassification
```

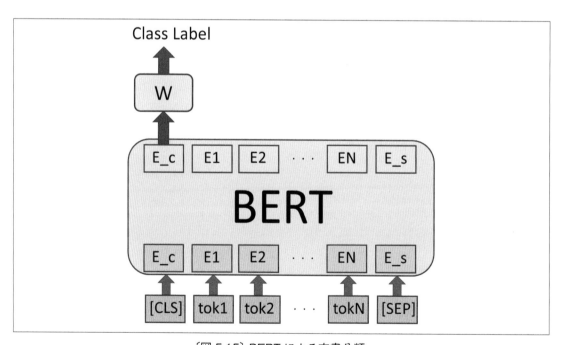

〔図 5.15〕BERT による文書分類

その後でモデルを以下のように設定します。オプションの num_labels でラベル数を設定します[8]。

```
>>> model = BertForSequenceClassification.from_pretrained(
                'cl-tohoku/bert-base-japanese-v2',
                num_labels = 3)
```

ここで以下の文書 d をこのモデルに入力してみます[9]。

```
>>> d = """
私は犬が好きです。一般に動物が好きです。
言葉が使える動物がいたら楽しいと思います。
"""
```

model への入力は最初に BERT に入るので、d を BERT への入力の形である単語 id 列に直して、model へ入力します。

```
>>> import torch
>>> from transformers import BertJapaneseTokenizer
>>> tknz = BertJapaneseTokenizer.from_pretrained(
                'cl-tohoku/bert-base-japanese-v2')
>>> x = tknz.encode(d)
>>> x = torch.LongTensor(x).unsqueeze(0)
>>> y = model(x)
```

model の出力は SequenceClassifierOutput というクラスのオブジェクトになります。属性 logits により各ラベルの logit 値[10]が求まります。y.logits は形状が以下となっています。

---

[8] ここでは適当に 3 と設定しました。

[9] この形だと文字列内に改行コードが入ってしまいますが、挿入位置が文の区切りの位置なので問題ありません。

[10] logit 関数は sigmoid 関数の逆関数です。ネットワークの最終層で sigmoid 関数を使って各ラベルの確率値を出してその値の大小を比較する場合、sigmoid 関数は単調増加関数なので、その sigmoid 関数への入力値である logit 値を比較するだけでよいです。

［ バッチサイズ , ラベル数 ］

```
>>> y.logits.shape
torch.Size([1, 3])
>>> y.logits[0]
tensor([ 0.0360, -0.1782,  0.1595], grad_fn=<SelectBackward>)
```

　この例の場合、1データだけなのでバッチのサイズは1、ラベル数は先ほど設定した3なので、形状は torch.Size([1, 3]) となります。そして y.logits[0][0] が第1のラベルの logit 値、y.logits[0][1] が第2のラベルの logit 値、そして y.logits[0][2] が第3のラベルの logit 値となっています。推論の処理の場合は、これらの logit 値で最大のもののラベルを推定結果とすればよいです。上記の例では第3のラベルの logit 値が最大なので、ラベルは第3のラベルと推定できます。

　学習の処理の場合は、モデルを生成した後に予め最適化関数 opt を設定しておかないといけません。

```
>>> import torch.optim as optim
>>> opt = optim.SGD([{'params':model.parameters(), 'lr':0.01}])
```

　また学習の処理では、訓練データの文書をモデルに入力する際にその文書の正解ラベルも与えます。上記の文書 d の正解ラベルが1だとすれば、正解ラベルのデータ ga は以下のように作ります。

```
>>> ga = torch.LongTensor([1]).unsqueeze(0)
```

　そして学習ではオプション labels に正解ラベルのデータ ga を付けて、model に入力します。

```
>>> y = model(x,labels=ga)
```

損失値は出力の属性 loss で参照できます。予め設定してあった最適化関数 opt を使って、以下のようにして、パラメータを更新することができます。

```
>>> loss = y.loss
>>> opt.zero_grad()
>>> loss.backward()
>>> opt.step()
```

訓練データ全体に対して、この処理を繰り返すことで学習の処理が行えます。学習が終了したら、以下のようにしてモデルをファイルに保存します。ここでは mymodel.bin というファイルに保存してみます。

```
>>> torch.save(model.state_dict(),'mymodel.bin')
```

保存してあるモデルをロードするためには、保存したモデルの定義が必要です。ここではモデルを保存する際に config ファイルも保存しておくことにします。

```
>>> with open('myconfig.pkl','bw') as fw:
    pickle.dump(model.config,fw)
```

保存したモデルのロードは以下のように行います。

```
>>> with open('myconfig.pkl','br') as f:
    myconfig = pickle.load(f)
>>> mymodel = BertForSequenceClassification(config=myconfig)
>>> mymodel.load_state_dict(torch.load('mymodel.bin'))
```

5.5　BERT による系列ラベリング

　transformers では文書分類のように入力データにラベルを付与するタスクに対しては BertForSequenceClassification というクラスが提供されていますが、系列ラベリング問題のように入力となるデータ系列の各データにラベルを付与するタスクに対しては BertForToken Classification というクラスが提供されています。

　BertForTokenClassification は、概略、図 5.16 のようなモデルになっています。

　この図から分かるように BertForTokenClassification はラベル間の関係を利用していませんので、系列ラベリング問題に適用するには追加の処理が必要です。BertForTokenClassification のモデルから、実際に出力されるのは各 token に対する各ラベルの確率ですので、ビタビアルゴリズムを利用して、最終的なラベル列を求めることができます。

　ここでは BertForTokenClassification を使った固有表現抽出を行ってみます。

　まずこのクラスを import して、モデルを設定します。オプションの num_labels でラベル数を設定します [11]。

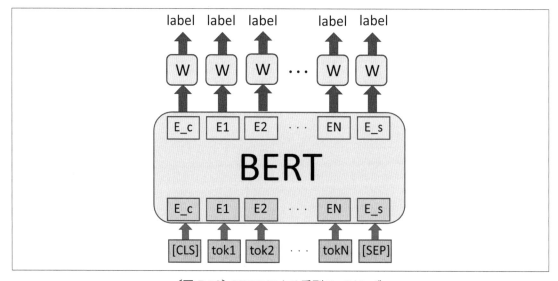

〔図 5.16〕BERT による系列ラベリング

---

[11] ここでは CoNLL-2003 に合わせて 9 と設定しました。

```
>>> from transformers import BertForTokenClassification
>>> model = BertForTokenClassification.from_pretrained(
                'cl-tohoku/bert-base-japanese-v2',
                num_labels = 9)
```

ここで以下の文 s をこのモデルに入力してみます。

```
>>> s = "田中さんは茨城大学の学生です。"
```

model への入力は s を BERT への入力の形である単語 id 列に直してから行います。

```
>>> import torch
>>> from transformers import BertJapaneseTokenizer
>>> tknz = BertJapaneseTokenizer.from_pretrained(
                    'cl-tohoku/bert-base-japanese-v2')
>>> tknz.tokenize(s)
['田中', 'さん', 'は', '茨城', '大学', 'の', '学生', 'です', '。']
>>> x = tknz.encode(s)
>>> x
[2, 13026, 11689, 897, 14121, 11188, 896, 12229, 12461, 829, 3]
>>> x = torch.LongTensor(x).unsqueeze(0)
>>> y = model(x)
```

model の出力は TokenClassifierOutput というクラスのオブジェクトになります。属性 logits により各単語に対する各ラベルの logit 値が求まります。logits の属性値の形状は以下となっています。

　　[バッチサイズ , 単語数 , ラベル数]

```
>>> y.logits.shape
torch.Size([1, 11, 9])
>>> y.logits[0].shape
torch.Size([11, 9])
```

　この例の場合、y.logits の形状は、1 データだけなのでバッチのサイズは 1、その入力文 s
の単語数は 11 で、ラベル数は先ほど設定した 9 なので、torch.Size([1, 11, 9]) となります。
そして y.logits[0][i][j] により i 番目の単語に対する j 番目のラベルの logit 値が得られま
す。ここからビタビアルゴリズムを利用して適切なラベル列を求めることでラベル列を推定で
きますが、単純に各単語の logit 値で最大のものをその単語のラベルと推定しても、そこそこ
の性能は出ると思います。

　学習の処理の場合は、モデルを生成した後に予め最適化関数 opt を設定しておかないとい
けません。

```
>>> import torch.optim as optim
>>> opt = optim.SGD([{'params':model.parameters(), 'lr':0.01}])
```

　また学習の処理では、訓練データの文（単語列）をモデルに入力する際に各単語の正解のラ
ベルの列も与えます。先の例の文 s の正解のラベル列とラベル id 列は下の図のようになります。

　そこで正解のラベル列のデータ ga を以下のように作ります。

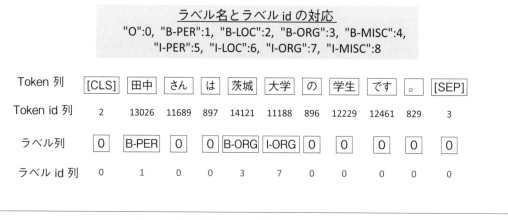

〔図 5.17〕正解のラベル列とラベル id 列

```
>>> ga = torch.LongTensor([0,1,0,0,3,7,0,0,0,0,0]).unsqueeze(0)
```

そして学習ではオプション labels に正解ラベルのデータ ga を付けて、model に入力します。

```
>>> y = model(x,labels=ga)
```

損失値は出力の属性 loss で参照できます。予め設定してあった最適化関数 opt を使って、以下のようにして、パラメータを更新することができます。

```
>>> loss = y.loss
>>> opt.zero_grad()
>>> loss.backward()
>>> opt.step()
```

訓練データ全体に対して、この処理を繰り返すことで学習の処理が行えます。学習したモデルのファイルへの保存や保存したモデルのロードは 文書分類の際に説明した手順と基本同じですので、ここでは省略します。

5.6 Pipeline によるタスクの推論

HuggingFace の transformers では BERT のような事前学習済みモデルの他に、事前学習済みモデルと自然言語処理の各種タスクでのデータセットを利用して学習したそのタスク用のモデルも公開されています。pipeline はそういった各種タスクに対する学習済みモデルを利用して、そのタスクの推論処理を行ってくれるコマンドです。使い方は簡単です。タスクやモデルを指定してモデルを呼び出し、そのモデルに対する入力を与えれば、その推論結果を出力してくれます。

ここでは pipeline で指定できる自然言語処理のいくつかのタスクやモデルを紹介し、pipeline

でそのタスクでの入出力を確認してみます。まず pipeline で指定できる自然言語処理のタスク名は以下の通りです[12]。

- 'conversational'：対話
- 'feature-extraction'：特徴抽出
- 'fill-mask'：マスク推定
- 'image-classification'：画像識別
- 'question-answering'：質問応答
- 'table-question-answering'：表内容からの質問応答
- 'text2text-generation'：翻訳、要約、質問応答
- 'text-classification' / 'sentiment-analysis'：評判分析
- 'text-generation'：テキスト生成
- 'token-classification' / 'ner'：固有表現抽出
- 'translation'：翻訳
- 'translation_xx_to_yy'：XX-YY 翻訳
- 'summarization'：要約
- 'zero-shot-classification'：Zero-shot 分類

5.6.1　評判分析

評判分析[13] は入力文が肯定的（positive）か否定的（negative）かを判定するタスクです。文書分類と基本的には同じものです。

pipeline での呼び出しは以下です。

---

[12] 他に音声関係として 'audio-classification' と 'automatic-speech-recognition' もあります
[13] このタスクは sentiment-analysis を直訳して感情分析とも呼ばれますが、感情分析は通常入力文の「喜び」や「驚き」などの感情を識別するタスクであり、positive / negative の判定は評判分析と呼ぶ方が適切だと思われます。

```
>>> from transformers import pipeline
>>> net = pipeline('text-classification')
```

　この例のように使用する model を指定しない場合は、default のモデルが呼び出されます。こ
こでの default のモデルは distilbert-base-uncased-finetuned-sst-2-english というモデルです。この
モデルは BERT を蒸留した DistilBERT という事前学習済みモデルと SST-2 というデータセッ
トを利用して学習されたモデルです。

　次に入力の text を作ります。

```
>>> text1 = 'This book is very interesting.'
```

　この text1 に対して評判分析の識別を行ってみます。

```
>>> net(text1)
[{'label': 'POSITIVE', 'score': 0.9998468160629272}]
```

　判定は positive でスコアはほぼ 1.0 です。別の例 text2 を試してみます。

```
>>> text2 = 'This book has some interesting parts.'
>>> net(text2)
[{'label': 'POSITIVE', 'score': 0.9996337890625}]
```

　これも判定は positive でスコアも高いです。

pipeline ではモデルを指定することもできます。

```
>>> net2 = pipeline('text-classification',
                    model='roberta-large-mnli')
```

roberta-large-mnli は BERT の改良版の RoBERTa の large 版である RoBERTa-large という事前学習済みモデルと MNLI というデータセットを利用して学習されたモデルです。

```
>>> net2(text2)
[{'label': 'NEUTRAL', 'score': 0.610353410243988}]
```

こちらのモデルでは positive と negative の他に neutral（中立）というラベルも加わっています。評判分析のタスクでは positive と negative の 2 値分類のタイプと、そこに neutral を加えた 3 値分類のタイプがあります。MNLI は 3 値分類の評判分析のタスクです。

そして text2 の判定は neutral になっています。デフォルトのモデルよりは精度が高いようです。

pipeline で使える日本語のモデルはあまりないのですが、daigo/bert-base-japanese-sentiment という日本語の評判分析モデルは pipeline で使えます。

```
>>> net3 = pipeline('text-classification',
              model='daigo/bert-base-japanese-sentiment')
>>> net3(" この犬は本当にお利口さんだ。")
[{'label': ' ポジティブ ', 'score': 0.9905291199684143}]
```

5.6.2　固有表現抽出

pipeline で固有表現抽出のタスクを行ってみます。

```
>>> net = pipeline('ner')
```

ここで呼び出される default のモデルは dbmdz/bert-large-cased-finetuned-conll03-english というモデルです。このモデルは BERT-large と CoNLL-2003 のデータセットを利用して学習されたモデルです。

このモデルに以下のテキストを入力してみます。

```
>>> text = 'Mr.Tanaka is a student at Ibaraki University.'
```

以下のような結果が出ます。

```
>>> net(text)
[{'entity': 'I-PER', 'score': 0.9989565,
                     'index': 3,
                     'word': 'Tanaka',
                     'start': 3, 'end': 9},
 {'entity': 'I-ORG', 'score': 0.9990581,
                     'index': 8,
                     'word': 'I',
                     'start': 26, 'end': 27},
 {'entity': 'I-ORG', 'score': 0.99033654,
                     'index': 9,
                     'word': '##bara',
                     'start': 27, 'end': 31},
 {'entity': 'I-ORG', 'score': 0.9977102,
                     'index': 10,
                     'word': '##ki',
                     'start': 31, 'end': 33},
 {'entity': 'I-ORG', 'score': 0.9953762,
                     'index': 11,
                     'word': 'University',
                     'start': 34, 'end': 44}]
```

'Ibaraki' が未知語で 'I'、'##bara'、'##ki' と 3 つのサブワードに分割されています。'Tanaka' は
I-PER でなく B-PER、'I' も I-ORG ではなく B-ORG ですが、このモデルでは 'B-*' のラベルは
'I-*' に統合しているようです。dslim/bert-base-NER という別モデルでも試してみます。これは
BERT と CoNLL-2003 を使って学習されたモデルです。

```
>>> net2 = pipeline('ner',model='dslim/bert-base-NER')
>>> net2(text)
[{'entity': 'B-PER', 'score': 0.99873984,
                     'index': 3,
                     'word': 'Tanaka',
```

```
                            'start': 3, 'end': 9},
  {'entity': 'B-ORG', 'score': 0.9991095,
                      'index': 8,
                      'word': 'I',
                      'start': 26, 'end': 27},
  {'entity': 'I-ORG', 'score': 0.9947661,
                      'index': 9,
                      'word': '##bara',
                      'start': 27, 'end': 31},
  {'entity': 'I-ORG', 'score': 0.99540937,
                      'index': 10, 'word':
                      '##ki', 'start': 31, 'end': 33},
  {'entity': 'I-ORG', 'score': 0.99355865,
                      'index': 11,
                      'word': 'University',
                      'start': 34, 'end': 44}]
```

こちらは正しく 'Tanaka' を PER、'Ibaraki University' を ORG として抽出できています。

5.6.3　要約

　要約は文書をより短いテキストに変換するタスクです。単に文書内の重要文を取り出すだけの処理であったり、文書にタイトルを付けるタスクであったりと問題の設定が様々ですが、現在の要約は、重要箇所を取り出し、それらを結合・修正して長さを調整しているイメージです。

　pipeline での呼び出しは以下です。

```
>>> net = pipeline('summarization')
```

　ここで呼び出される default のモデルは sshleifer/distilbart-cnn-12-6 というモデルです。このモデルは BART[14] の蒸留版である DistilBART と CNN/DailyMailDataset というデータセットを利用して学習されたモデルです。

---

[14] BERT のスペルミスではありません。BART はテキスト生成に利用される事前学習済みモデルです。

このモデルに以下の文書[15]を入力してみます。

```
>>> doc = """"We introduce a new language representation
model called BERT, which stands for Bidirectional Encoder
Representations from Transformers. Unlike recent language
representation models, BERT is designed to pre-train deep
bidirectional representations from unlabeled text by
jointly conditioning on both left and right context in all
layers. As a result, the pre-trained BERT model can be
fine-tuned with just one additional output layer to create
state-of-the-art models for a wide range of tasks, such as
question answering and language inference, without
substantial task-specific architecture modifications. BERT
is conceptually simple and empirically powerful. It obtains
new state-of-the-art results on eleven natural language
processing tasks, including pushing the GLUE score to 80.5%
(7.7% point absolute improvement), MultiNLI accuracy to
86.7% (4.6% absolute improvement), SQuAD v1.1 question
answering Test F1 to 93.2 (1.5 point absolute improvement)
and SQuAD v2.0 Test F1 to 83.1 (5.1 point absolute
improvement)."""
```

以下のような結果が出ます。

```
>>> net(doc)
[{'summary_text': ' BERT is designed to pre-train deep
bidirectional representations from unlabeled text by
jointly conditioning on both left and right context in
all layers . It obtains new state-of-the-art results on
eleven natural language processing tasks, including
pushing the GLUE score to 80.5%  (7.7% point absolute
improvement) and MultiNLI accuracy to 86.7%.'}]
```

要約の場合、要約の長さを指定することができます。default では最小が 56 で最大が 142 です。

この部分を変更するにはオプションの max_length と min_length に値を指定します。

---

[15] BERT の論文の概要です。

```
>>> net(doc, max_length=50,min_length=20)
[{'summary_text': ' We introduce a new language
representation model called BERT, which stands for
Bidirectional Encoder Representations . BERT is
conceptually simple and empirically powerful . It
obtains new state-of-the-art results on eleven'}]
```

5.6.4　質問応答

　質問応答も問題の設定により様々なタイプがあります。ここでは元になる文書（doc）とその文書の内容についての質問（q）を与えて、文書（doc）内から質問（q）の解答を取り出すタスクを扱います。これは読解タスクとも呼ばれています。

　pipeline での呼び出しは以下です。

```
>>> net = pipeline('question-answering')
```

　ここで呼び出される default のモデルは distilbert-base-cased-distilled-squad というモデルです。このモデルは事前学習済みモデルに BERT の蒸留版である DistilBERT が使われています。そして訓練に使ったデータが SQuAD という データセットです。読解タスクに関してはこの SQuAD というデータセットが非常に有名です。

　このモデルへの入力には元になる文書（doc）と質問（q）が必要です。doc は前章で出した文書 doc と同じものにします。質問（q）は以下のように設定しました。

```
>>> q = "How many tasks did BERT get SOTA on?"
```

　モデルへの入力は context に元の文書（doc）、question に質問（q）を指定して、実行します。以下のような結果が出ます。

```
>>> net(context=doc,question=q)
{'score': 0.7516630291938782,
        'start': 714, 'end': 720,
        'answer': 'eleven'}
```

　解答は属性 'answer' の値として出ます。この場合、'eleven' なので正解です。'start' と 'end' は元の文書内での解答の文字の開始位置と終了位置です。

5.6.5　テキスト生成

　ここで扱うテキスト生成は比較的新しいタスクです。具体的には 適当な文章を途中まで入力します。システムはその後に文脈に合った意味が通じるような文を生成します。

　pipeline での呼び出しは以下です。

```
>>> net = pipeline('text-generation')
```

　ここで呼び出される default のモデルは GPT-2 というモデルです。

　モデルには単に途中までの文章を入れればよいです。

```
>>> net("In this paper, we propose a new")
[{'generated_text': "In this paper, we propose a new
approach to detecting and identifying an individual's
emotional state in order to determine the magnitude of
its relationship to a person's cognitive ability.
By conducting self-tests (self-report measures), we
determine whether a person"}]
```

　それらしい文が生成されています。

5.6.6　Zero-shot 文書分類

Zero-shot 文書分類では訓練データを全く利用せずに文書分類を行います。文書分類の教師なし学習と同じようなものだと思われるかもしれませんが、全く異なります。教師なし学習ではラベル付きの訓練データを使わない学習手法であり、ラベルなしの訓練データは通常利用します。zero-shot ではラベル付きの訓練データはもちろん、ラベルなしの訓練データさえも利用せずに文書分類を行います。

なぜそんなことが可能なのか不思議に思われるかもしれませんが、ポイントは「ラベル自体が言語で表現されている」ことです。例えば与えられた文書を政治、経済、スポーツの 3 つのクラスのどれに属するかを当てる文書分類を考えてみます。このときラベルである政治、経済、スポーツは 0, 1, 2 などの数値ではなくて「政治」、「経済」、「スポーツ」という言語（この場合、単語）で表現されています。つまりこれまでに解説した自然言語処理の技術を使えば、ラベルを言語のベクトル空間に埋め込むことができます。もちろん、入力となる文書も言語のベクトル空間に埋め込むことができます。ラベルが埋め込まれるベクトル空間と文書が埋め込まれるベクトル空間を同一のものにしておけば、ラベルと文書間の距離が測れるために、文書分類ができるというのが zero-shot 文書分類の仕組みです。処理的には文書を 1 文、ラベルを 1 文として、この 2 文を含意関係認識のモデルに入力し、意味的な類似度を計算することで識別を行っています。

pipeline での呼び出しは以下です。

```
>>> net = pipeline('zero-shot-classification')
```

ここで呼び出される default のモデルは facebook/bart-large-mnli というモデルです。

例として、入力文書とラベルを以下のように設定します。

```
>>> doc = "Ichiro is the best baseball player ever."
```

```
>>> labels = ["politics", "economics", "sports"]
```

文書分類を行ってみます。

```
>>> net(doc,labels)
{'sequence': 'Ichiro is the best baseball player ever.',
 'labels': ['sports', 'economics', 'politics'],
 'scores': [0.9978312849998474, 0.001391682424582541,
           0.0007770099909976125]}
```

正しく sports に分類されています。

同じモデルを利用して別の文書分類タスクも実行できます。ラベルを "positive" と "negative" という単語にしておけば、実質、評判分析が行えます。

```
>>> doc = "My dog is really smart."
>>> labels = ["positive", "negative"]
>>> net(doc,labels)
{'sequence': 'My dog is really smart.',
 'labels': ['positive', 'negative'],
 'scores': [0.9315667748451233, 0.0684332400560379]}
```

こちらも正しく positive に分類されています。

あとがき

　「文書分類からはじめる自然言語処理入門　—基本から BERT まで—」というタイトルで本を書くにあたり、共著で書きませんかというお話を新納先生からいただいたのは、私が茨城大学から東京農工大学に移ってすぐ、2021 年の四月の半ばのことでした。私は、特に文書分類を題材として自然言語処理の基礎技術を説明するというコンセプトを聞いて、非常に乗り気になりました。

　自然言語処理の教科書というと、やはり、形態素解析にはじまり、構文解析、意味解析、といった上流の処理から下流の処理までを網羅した教科書が一般的です。私も授業では、そういった教科書にあるような、ビタビアルゴリズムや内側外側アルゴリズムなどを取り上げています。しかしそれらのアルゴリズムを研究しているかというと、そうではありません。

　また、自然言語処理の専門書となると、機械翻訳や情報抽出など応用のタスクに特化したもの、または機械学習のアルゴリズムを中心に説明したものが主流だと思います。ところが、研究室に入ってきた学生に対しては、もっと初歩的な入門の説明から始めているのが現状です。

　文書分類に関わる技術は、機械翻訳や情報抽出などのタスクを解く際にも最低限必要な知識であり、昨今の機械学習を用いた自然言語処理の基礎となる知識でしょう。本書は（私の知る限り）ありそうでなかった自然言語処理の入門の本と言えると思います。

　本書を書いてみて、知識の整理が進むにつれ、分類アルゴリズムの発展はベクトル空間モデルや分散表現などの文書のデータ構造の発展と強く結びついていることを強く感じました。つまり、あるアルゴリズムが発展するためには、あるデータ構造が必須になり、あるデータ構造の発明のためには、あるアルゴリズムの成熟を待たなければならなかった、ということが往々にしてあるのです。そのため、本書のように、データ構造とアルゴリズム、つまり文書のベクトル化の技術と分類アルゴリズムを共に学ぶことが、自然言語処理の全体像を理解する助けになると思います。

　本書では、まず文書のベクトル化の技術を説明してから、分類アルゴリズムなどの機械学習

の説明をするという構成になっています。そのため、例えば word2vec など、ディープラーニング技術で実現している、ベクトル化に必要な比較的高度なアルゴリズムについては、紙面を割けなかったところがあります。興味を持たれた方は、ぜひ、入門から一歩進んで、色々調べてみてください。

　最後になりますが、コロナ禍の中、人に会うことがなかなかできなくなり、鬱々としていたところ、本書の共著のお話をいただき、久しぶりに意欲が持てました。共著のお話をくださった新納先生には感謝しきれません。また、この場を借りて、常日頃お世話になっている人たち、オンラインのみのゼミでもう二年近く頑張ってくれている研究室の学生さんたちや、これまで一緒に頑張ってくれた OB・OG の学生さんたち、同僚の先生方、また、自然言語処理の研究者になる際に導いてくださった先生方、共同研究者の方々、そして友人と家族に感謝したいと思います。そして、書いただけで自分のためにはなりましたが、本書が読者のお役に立てましたら、何よりも嬉しいです。本書を読んでくださった読者の方も、どうもありがとうございました。

古宮　嘉那子

索引

記号

[CLS] · 160
[SEP] · 160

A

Attention · 167

B

bag-of-words · · · · · · · · · · · · · · · · · · · 12, 43
BART · 192
batch normalization · · · · · · · · · · · · · · · 107
BERT · 37, 157
BERT-base · 167
BERT-large · 167
BertEmbeddings · · · · · · · · · · · · · · · · · · · 168
BertEncoder · 167
BertForSequenceClassification · · · · · · · 180
BertForTokenClassification · · · · · · · · · · 184
BertLayer · 168, 170
bi-gram · 8
Bi-LSTM CRF · 150

C

CBOW · 42
chiVe · 46
cl-tohoku/bert-base-japanese-v2 · · · · · · 162
CNN/DailyMailDataset · · · · · · · · · · · · · 192
co-training · 110
Conditional Random Field · · · · · · · · · · 131
CoNLL-2003 · 139
ConllCorpusReader · · · · · · · · · · · · · · · · 140
Convolutional Neural Network · · · · · · · 108
cos 類似度 · 37, 47
CRF · 135

D

deep learning · 106
DistilBART · 192
DistilBERT · 189
distributed representations · · · · · · · · · · · 36
doc2Vec · 48

E

Embd · 149
EM アルゴリズム · · · · · · · · · · · · · · · · 111, 132
encode · 164

F

False Negative · 72

F

False Positive · 72
fine-tuning · · · · · · · · · · · · · · · · 121, 122, 160
FN · 72
FP · 72
F 値 · 74

G

gensim · 44, 50
GPT-2 · 195

H

Hidden Markov Models · · · · · · · · · · · · · 131
HMM · 131
hmmlearn · 132
HuggingFace · 162

J

janome · 6, 44

K

K 近傍法 · 116

L

L1 正則化 · 83
L2 正則化 · 83
last hidden state · · · · · · · · · · · · · · · · · · · 165
Latent Semantic Analysis · · · · · · · · · · · · 26
Layer Normalization · · · · · · · · · · · · · · · 171
Linear-chain CRF · · · · · · · · · · · · · · · · · 136
logit 値 · 181
Long Short Term Memory · · · · · · · · · · · 147
LSA · 26
LSTM · 37, 147

M

MeCab · 5
MNLI · 190
Multi-Head Attention · · · · · · · · · · · · · · · 171
multi-layer perceptron · · · · · · · · · · · · · · 103

N

n-gram · 8
Naive Bayes · 61
Naive Bayes EM アルゴリズム · · · · · · · · · 111
NBEM · 111
neural network · 101
nltk ライブラリ · 140
nwjc2vec · 46

O

One-vs-Rest 法 · 96

P

pairwise 法 ································· 96
pipeline ································· 187
Positional Encoding ················· 169
PV-DBOW ······························· 50
PV-DM ·································· 48
PyTorch ···························· 40, 152

R

Recurrent Neural Network ········ 108, 147
RoBERTa ······························· 190

S

scikit-learn ···························· 19
Segment Embeddings ················· 170
Self-Attention ························· 174
self-taught learning ················· 108
semi-supervised learning ············· 108
SequenceClassifierOutput ············· 181
Singular Value Decomposition ········· 27
skip-gram ······························ 42
sklearn ································· 19
sklearn-crfsuite ······················ 138
sklearn.decomposition.TruncatedSVD ··· 28
sklearn.feature extraction.text.CountVectorizer ··· 19
sklearn.feature extraction.text.TfidfVectorizer ··· 24
sklearn.linear model.LogisticRegression ··· 80
sklearn.metrics.f1 score ·············· 76
sklearn.metrics.pairwise.cosine similarity ··· 39
sklearn.metrics.precision score ········ 74
sklearn.metrics.recall score ·········· 76
sklearn.model selection.train test split ··· 59
sklearn.naive bayes.BernoulliNB ········ 67
sklearn.naive bayes.MultinomialNB ····· 67
sklearn.semi supervised.LabelPropagation ··· 118
sklearn.semi supervised.LabelSpreading ··· 118
sklearn.semi supervised.SelfTrainingClassifier ··· 112
sklearn.svm.LinearSVC ················· 98
sklearn.svm.SVC ······················· 96
softmax ································· 177
softmax 関数 ··························· 84
SQuAD ·································· 194
SST-2 ·································· 189
summary ································ 163
Support Vector Machine ··············· 86
SVD ···································· 27
SVM ···································· 86

T

Tensor ································· 165
TensorFlow ····························· 152
TF-IDF ································· 22
TN ···································· 72

TokenClassifierOutput ················· 185
torch.nn.functional ···················· 41
torchinfo ······························ 163
TP ···································· 72
Transformer ······················ 37, 167
transformers ··························· 162
tri-gram ································· 8
tri-training ···························· 110
True Negative ·························· 72
True Positive ·························· 72

U

uni-gram ································· 8
unsqueeze ······························ 165

W

Webis Cross-Lingual Sentiment Dataset ··· 65
word embedding ························· 36
word2vec ························ 36, 42, 121

Z

zero-shot ······························ 196

あ

朝日新聞単語ベクトル ··················· 46
アノテーション ························· 108

う

埋め込み ······························· 36

か

カーネル関数 ························· 94, 95
カーネルトリック ······················· 94
回帰 ································· 55, 76
回帰曲線 ····························· 56, 77
回帰直線 ····························· 56, 77
カイ二乗検定 ·························· 76
開発データ ····························· 59
過学習 ······························ 58, 107
隠れマルコフモデル ···················· 131
加算構成性 ····························· 42
加算スムージング ···················· 64, 70
活性化関数 ···························· 102

き

機械学習 ······························· 55
強化学習 ······························· 56
共学習 ································· 110
教師あり学習 ·························· 56
教師なし学習 ·························· 56

く

クラスタリング ························· 56

クロスエントロピー · · · · · · · · · · · · · · · · 80, 85, 103
訓練データ · 57

け

形態素解析 · 5
系列ラベリング問題 · · · · · · · · · · · · · · · · · 127
決定関数 · 55, 77
決定境界 · 55, 78, 89

こ

交差検定 · 59
勾配降下法 · 79
勾配消失問題 · 106
コーパス · 108
誤差関数 · 79
誤差逆伝播法 · 105
固有表現抽出 · 129

さ

再現率 · 73
最小二乗誤差 · 105
最適化関数 · 182
サブワード · 191
サポートベクター · · · · · · · · · · · · · · · · · · · 88
サポートベクターマシン · · · · · · · · · · · · · · 86
残差接続 · 107, 171

し

ジェフリー・パークス法 · · · · · · · · · · · · · · · 65
事後確率 · 63
自己教示学習 · 108
辞書構造 · 171
事前学習済みモデル · · · · · · · · · · · · · · · · 157
事前確率 · 63
質問応答 · 194
条件付き確率場 · · · · · · · · · · · · · · · · · · · 131
深層学習 · 100

す

スパース · 17
スムージング · · · · · · · · · · · · · · · · 24, 64, 111

せ

正解率 · 71
正規化 · 84
正則化 · 82, 97
精度 · 73
性能 · 58
ゼロ頻度問題 · 64
線形 · 78, 93
線形カーネル · 95
潜在意味解析 · 27

そ

疎 · 17, 26
双方向 LSTM · 149
素性 · 15
素性値 · 15
ソフト自己教示学習 · · · · · · · · · · · · · · · · 110
ソフトマージン · 92
損失関数 · 79, 91
損失値 · 183

た

タイプ · 36
対数線形モデル · · · · · · · · · · · · · · · · · · · 135
多クラス分類 · · · · · · · · · · · · 67, 71, 84, 98, 99
多項式カーネル · 95
多層パーセプトロン · · · · · · · · · · · · · · · · 103
畳み込みニューラルネットワーク · · · · · · · 108
ダミー変数 · 15
単語分割 · 9
単純グッド・チューリング法 · · · · · · · · · · · 65
単純パーセプトロン · · · · · · · · · · · · · · · · 102
単純ベイズ · 61
単調増加関数 · 84

ち

超平面 · 87

て

ディープラーニング · · · · · · · · · · · · · · · · 106
テキスト生成 · 195
敵対的学習 · 123
敵対的生成ネットワーク · · · · · · · · · · · · · 123
テストデータ · 58
転移学習 · 160
テンプレート · 138

と

トークン · 36
特異値分解 · 27
読解タスク · 194
トライトレーニング · · · · · · · · · · · · · · · · 110
トランスダクティブ学習 · · · · · · · · · · · · · 122
ドロップアウト · · · · · · · · · · · · · · · · · · · 107

に

二値分類 · · · · · · · · · · · · · · 67, 78, 84, 97, 98
日本語 Wikipedia エンティティベクトル · · · · 46
ニューラルネットワーク · · · · · · · · · · · · · 101

は

ハイパーパラメータ · · · · · · · · · · · · · · · · · 58
半教師あり GAN · · · · · · · · · · · · · · · · · · · 121
半教師あり学習 · · · · · · · · · · · · · · · · · · · 108

汎用性・・・・・・・・・・・・・・・・・・・・・・・・・・・・・・・・・・・・ 58

ひ

ビタビアルゴリズム ・・・・・・・ 131, 132, 137, 146, 149, 184, 186
標準化・・・・・・・・・・・・・・・・・・・・・・・・・・・・・・・・・・・・ 81
評判分析・・・・・・・・・・・・・・・・・・・・・・・・・・ 3, 66, 188

ふ

ファインチューニング ・・・・・・・・・・・・・・・・・・・ 122
フレームワーク ・・・・・・・・・・・・・・・・・・・・・・・ 152
分散表現・・・・・・・・・・・・・・・・・・・・・・・・・・・・・・ 36
文書分類 ・・・・・・・・・・・・・・・・・・・・・・・・・・・・・ 3
分布意味論・・・・・・・・・・・・・・・・・・・・・・・・・・・ 35
分布仮説・・・・・・・・・・・・・・・・・・・・・・・・・・・・・・ 35
分類・・・・・・・・・・・・・・・・・・・・・・・・・・・・・・ 55, 76
分類アルゴリズム ・・・・・・・・・・・・・・・・・・・・ 61
分類器・・・・・・・・・・・・・・・・・・・・・・・・・・・・・・・・ 61
分類問題・・・・・・・・・・・・・・・・・・・・・・・・・・・・・・ 55

へ

ベイズの定理 ・・・・・・・・・・・・・・・・・・・・・・・・ 62
ベクトル空間モデル ・・・・・・・・・・・・・・・・・ 14

ま

マージン ・・・・・・・・・・・・・・・・・・・・・・・・・・・・・ 88
マイクロ平均 ・・・・・・・・・・・・・・・・・・・・・・・・ 74
マクロ平均 ・・・・・・・・・・・・・・・・・・・・・・・・・・ 74
マルチタスク学習 ・・・・・・・・・・・・・・・ 121, 123

み

未学習・・・・・・・・・・・・・・・・・・・・・・・・・・・・・・・・ 58

め

名義尺度・・・・・・・・・・・・・・・・・・・・・・・・・・・・・・ 15
メモリセル ・・・・・・・・・・・・・・・・・・・・・・・・・ 148

も

モデル・・・・・・・・・・・・・・・・・・・・・・・・・・・ 57, 131

ゆ

尤度・・・・・・・・・・・・・・・・・・・・・・・・・・・・・・・・・・ 63
尤度関数・・・・・・・・・・・・・・・・・・・・・・・・・・・・・・ 79

よ

要約・・・・・・・・・・・・・・・・・・・・・・・・・・・・・・・ 192
用例ベクトル ・・・・・・・・・・・・・・・・・・・・・・・・ 14

ら

ラプラス法 ・・・・・・・・・・・・・・・・・・・・・・・・・・ 65
ラベル ・・・・・・・・・・・・・・・・・・・・・・・・・・・・・・・ 60
ラベル拡散法 ・・・・・・・・・・・・・・・・・・・・・ 115
ラベル伝播法 ・・・・・・・・・・・・・・・・・・・・・ 115

り

リカレントニューラルネットワーク ・・・・・・・・・・・・・・・・・・・・・ 108

ろ

ロジスティック回帰・・・・・・・・・・・・・・・・・・・・・・ 76, 103
ロジスティック関数・・・・・・・・・・・・・・・・・・ 77, 78, 85

■ 著 者 紹 介 ■

新納 浩幸（しんのう ひろゆき）

1961 年長崎県生まれ。1985 年 東京工業大学理学部情報科学科卒業。1987 年同大学大学院理工学研究科情報科学専攻修士課程修了。現在、茨城大学工学部情報工学科教授、博士（工学）。専門分野は自然言語処理、機械学習、統計学。関連の著書多数。

古宮 嘉那子（こみや かなこ）

2005 年東京農工大学工学部情報コミュニケーション工学科卒。2006 年同大学院工学教育部情報コミュニケーション工学専攻博士課程前期修了、2009 年同大学大学院電子情報工学専攻博士後期課程修了。博士（工学）。同年東京工業大学精密工学研究所研究員、2010 年東京農工大学工学研究院特任助教、2014 年茨城大学工学部情報工学科講師。2021 年東京農工大学工学研究院准教授。現在に至る。自然言語処理の研究に従事。情報処理学会、人工知能学会、言語処理学会、ACL 各会員。2018 年より電子情報通信学会言語理解とコミュニケーション研究会研究専門委員、2019 年より言語処理学会代議員、2020 年より情報処理学会自然言語処理研究会幹事。

●ISBN 978-4-910558-09-7

大妻女子大学　田中　清　著
NTT人間情報研究所　浦田　昌和

エンジニア入門シリーズ

IT知識ゼロからはじめる
情報ネットワーク管理・サーバ構築入門

定価3,520円（本体3,200円＋税）

＜基礎編＞
1．情報ネットワークとは？
1.1．　情報ネットワークの概要
1.2．　情報量の計算
1.3．　情報通信の仕組み

2．情報ネットワークの構成
2.1．　インターネットとIPネットワーク
2.2．　IPアドレス
2.3．　インターネットへの接続
2.4．　IPネットワークの通信
2.5．　IPネットワークの設計

3．IPネットワークのサービス
3.1．　サービスアーキテクチャ
3.2．　アプリケーションサービスとその
　　　　仕組み
3.3．　情報セキュリティ

＜サーバ構築編＞
4．サーバの種類と仮想環境
4.1．　サーバの機能、サーバの構成
4.2．　オンプレミスとクラウド
4.3．　仮想化技術

4.4．　仮想化ソフトウェア（VirtualBox）
　　　　のインストール
4.5．　仮想マシン（Virtual Machine）
　　　　の作成
4.6．　仮想マシンの持ち運び

5．Linuxのインストール
5.1．　Linuxとは？
5.2．　Linuxのディストリビューション
5.3．　AlmaLinuxのインストール

6．サーバ環境の構築
6.1．　コマンドラインを用いた
　　　　基本的な操作
6.2．　パッケージのインストール
6.3．　GUIの導入
6.4．　脆弱性対策の重要性

7．システムの設定と管理
7.1．　ネットワークの設定
7.2．　名前解決
7.3．　ファイルサーバ
7.4．　Webサーバ
7.5．　リソースの管理
7.6．　バックアップ
7.7．　ログ管理

＜共通編＞
8．トラブルシューティング
8.1．　利用者としての
　　　　トラブルシューティング
8.2．　サーバ管理者としての
　　　　トラブルシューティング

発行／科学情報出版（株）

● ISBN 978-4-904774-90-8　　　　　　玉川大学　岡田 浩之　著

エンジニア入門シリーズ

ロボットプログラミング
ROS2入門

定価3,520円（本体3,200円＋税）

1　本書の進め方
1－1　演習の進め方
1－2　演習の準備
1－3　さあROS2の世界へ！

2　ROSって何？
2－1　ROSの広がり
2－2　ROS1からROS2へ
2－3　ROSの学び方
［コラム1］

3　Dockerによる開発環境の仮想化
3－1　仮想化ということ
3－2　Docker Desktop for Windowsの
　　　インストール
3－3　Dockerの仕組みとコマンド
3－4　Dockerの学び方

4　ROS2動作環境の構築
4－1　X Window サーバのインストール
4－2　Ubuntu18.04LTS+ROS2 Eloquent
　　　ElusorのDocker イメージの作成
4－3　ターミナル分割ソフトウェアtmux

4－4　テキストエディタnano
5　ROS2の仕組み
5－1　ROS2のデータ通信
5－2　可視化ツールとシミュレータ
5－3　ROSコミュニティ

6　ROS2のコマンドを知る
6－1　トピックとメッセージ
6－2　ROS2コマンドによるメッセージの配信
6－3　ROS2コマンドによるメッセージの購読

7　Turtlesim シミュレータで
**　　ROS2 を学ぶ**
7－1　Turtlesimの起動
7－2　キーボードで亀を動かす
7－3　TurtlesimシミュレータでROS2の
　　　ノードを学ぶ
7－4　TurtlesimでROS2の
　　　トピックとメッセージを学ぶ
7－5　TurtlesimでROS2のサービスを学ぶ
7－6　TurtlesimでROS2のパラメータを学ぶ
7－7　TurtlesimでROS2のアクションを学ぶ
7－8　TurtlesimでROS2のLaunchを学ぶ

8　Pythonで作るROS2プログラム
8－1　ROS2公式サンプルプログラムを
　　　使ってみる
8－2　トピックを使うプログラムの作成
8－3　サービスを使うプログラムの作成
8－4　パラメータを使うプログラムの作成
8－5　アクションを使うプログラムの作成
［コラム2］

9　Turtlebot3をシミュレータで動かす
9－1　Turtlebot3シミュレータのセットアップ
9－2　シミュレータの実行
9－3　キーボードでTB3 Burgerを動かす
9－4　地図をつくってみる
9－5　PythonプログラムでTB3 Burgerを
　　　動かす

10　おわりに

発行／科学情報出版（株）

エンジニア入門シリーズ

文書分類からはじめる自然言語処理入門
－基本から BERT まで－

2022年7月22日　初版発行

著　者　　新納 浩幸・古宮 嘉那子　　　　　　　　　Ⓒ2022

発行者　　松塚 晃医

発行所　　科学情報出版株式会社
　　　　　〒300-2622　茨城県つくば市要443-14 研究学園
　　　　　電話　029-877-0022
　　　　　http://www.it-book.co.jp/

ISBN 978-4-910558-14-1　C3055